图说水产高效养殖

U0607082

图说
高效养鳖技术

全彩升级版

梁宏伟　主编

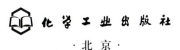

化学工业出版社
·北京·

内容简介

本书从当前我国鳖养殖生产的现状及存在的问题出发，针对近年来中华鳖养殖生产实践的一些实际问题，详尽介绍了我国鳖养殖概况和中华鳖的生物学特性及新品种。重点围绕目前国内中华鳖高效养殖技术流程，采用大量实例图片从多视角多维度更加直观地对鳖场建设、鳖的规模化繁育、鳖的营养与饲料、鳖高效健康养殖模式、病害防治以及鳖的营养价值与产品加工等内容进行了介绍。本书内容丰富、深入浅出，理论与生产实践紧密结合，具有较强的指导性和可操作性。书中配有大量与正文内容对应的彩图，图文并茂，通俗易懂。

本书既可为广大中华鳖养殖从业者指导生产使用，也可供水产养殖专业师生、有关科技人员和管理人员参阅。

图书在版编目（CIP）数据

图说高效养鳖技术：全彩升级版 / 梁宏伟主编. 北京：化学工业出版社，2025.1. --（图说水产高效养殖技术丛书）. -- ISBN 978-7-122-46779-9

Ⅰ.S966.5-64

中国国家版本馆CIP数据核字第2024HC8863号

责任编辑：曹家鸿　邵桂林　　　　装帧设计：韩　飞
责任校对：王鹏飞

出版发行：化学工业出版社
　　　　　（北京市东城区青年湖南街13号　邮政编码100011）
印　　装：北京宝隆世纪印刷有限公司
880mm×1230mm　1/32　印张6½　字数154千字
2025年6月北京第1版第1次印刷

购书咨询：010-64518888　　　　售后服务：010-64518899
网　　址：http://www.cip.com.cn
凡购买本书，如有缺损质量问题，本社销售中心负责调换。

定　　价：49.80元　　　　　　　　版权所有　违者必究

编写人员名单

主　　编　　梁宏伟

副　主　编　　刘　伟　孟　彦
　　　　　　　张成锋　周　同

参　　编　　叶雄平　汤亚斌
　　　　　　　朱成骏　李　翔
　　　　　　　罗相忠　周　勇
　　　　　　　喻亚丽

　　鳖是我国重要的特种水产养殖经济动物，其肉质细嫩、胶原蛋白含量高，富含多糖、多种微量元素和维生素，具有较高的营养价值和药用价值，一直以来深受消费者的喜爱。随着人们生活水平的提高，广大居民对水产品的需求已经由数量型需求转变为质量型需求，由吃上水产品转变为吃上品质佳、营养价值高的水产品，鳖也就走进寻常百姓人家，走上餐桌，成为广大老百姓的美味佳肴。

　　鳖的养殖在中国历史悠久，自2013年开始产量超过30万吨，2023年养殖产量达到42.8万吨，市场需求旺盛，其中优势养殖区域为浙江、安徽、湖南、湖北、江西、江苏等省。由于养殖鳖的品种、品系多，不同的地区根据养殖条件的不同，形成了多样的养殖模式。

　　尽管我国鳖养殖规模和养殖效益逐年提高，但各地养殖水平参差不齐，许多技术模式已经不能适应养殖生产的发展和需求，迫切需要提供内容新颖、实用性强、通俗易懂的理论知识和指导。因此，本人在多年养殖实践的基础上，组织多位专家编写本书，将当前中华鳖养殖涉及的养殖模式、病害防治、生产常见问题等进行了总结，旨在帮助规避养殖风险、提高养殖效益，推动鳖养殖行业的健康可持续发展。

　　本书采用图说的方式，利用大量的图片从多个视角直观地对内容进行了介绍，通俗易懂，兼具科学性和实用性。全书由梁宏伟负责设计、修改和定稿，其中梁宏伟、周同编写第一章和第二章，叶雄平和梁宏伟编写第三章，周同和朱成骏编写第四章，刘伟编写第五章，罗相忠、汤亚斌、周同、李翔和梁宏伟编写第六章，周勇和孟彦编写第七章，张成锋和喻亚丽编写第八章。

本书适合高等院校和科研院所水产养殖等相关专业的师生使用，也可为广大水产科技工作者和水产养殖从业者提供参考。

由于编者水平有限，书中难免存在疏漏和不足之处，恳请广大读者和同行批评指正。

编　者

2024年6月

第一章

我国鳖养殖概况

第一节　我国鳖养殖历史

鳖，又称甲鱼、团鱼、水鱼、脚鱼、老鳖和王八等。养殖种类主要以中华鳖为主，其次是山瑞鳖、砂鳖，还有引进的泰国鳖、日本鳖和美国鳖。我国鳖的人工养殖历史悠久，在中国古代，鳖的养殖主要是在江河、湖泊和池塘中进行的。当时的鳖养殖技术相对简单，主要是让鳖在自然环境中生长，以小鱼、虾、蚯蚓等为食。

20世纪70年代我国开始进行鳖的规模化和工业化养殖。1974年湖南省汉寿县开始甲鱼的人工养殖研究，并在20世纪70年代末成立全国第一个特种水产研究所——汉寿县特种水产研究所。江苏省宝应县也开始发展鳖的人工规模化养殖，养殖产量逐渐增多，经济效益显著增加。20世纪80年代末，我国浙江、广东等地率先尝试建设温室进行中华鳖养殖，解决了中华鳖冬眠无法保持正常生长的问题，并使养殖产量增加，温室养殖也逐渐成为我国鳖养殖业的重要养殖模式。随着经济的发展和人民生活水平的提高，鳖的市场需求量快速增加，池塘养殖和规模化养殖迅猛发展，鳖养殖技术在全国范围内广泛推广应用。1996年国内鳖养殖业达到高潮，其市场价格甚至达到600元/千克，养殖面积大幅增加，养殖技术不断完善。

　　21世纪以来，鳖养殖环境和质量出现下滑，为改善品质，鳖养殖业开始推行生态养殖模式，并加快全国鳖苗种场和原良种场的建设。2005年以来，政府和地方企业都将鳖的养殖质量标准提高到了一个新的高度，鳖类养殖也完成了由追求数量到质量的转型。目前，鳖的人工养殖技术已日趋成熟，鳖成为我国一种重要的特种水产养殖对象。从2014年开始，鳖的养殖产量稳定在30万吨以上，至2023年，产量已达到49.7万吨（图1-1）。随着人们生活水平的提高，人们对优质蛋白的需求增加，鳖类的需求也将日趋旺盛，鳖养殖业具有广阔的前景。

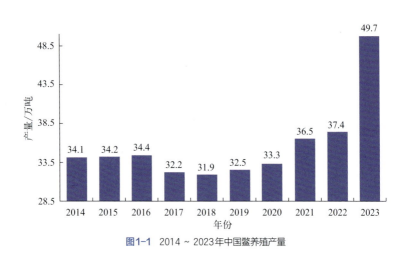

图1-1　2014～2023年中国鳖养殖产量

第二节　我国鳖类养殖现状

　　我国鳖类养殖已经成为水产养殖业重要的组成部分，具有广阔的市场前景。近年来，随着人们健康意识的提高和对高品质水产品需求的增加，鳖类养殖也在不断创新和发展。

一、养殖种类众多

我国地域辽阔、气候差异大，中华鳖虽然没有有效的亚种分化，但却存在着一定的地理变异，不同地域之间形成了一些在外形和生长性能上具有明显差异的地理品系。中华鳖的养殖品系主要有六大品系。

（1）中华鳖黄河品系（黄河鳖）　分布在陕西、山西和安徽等境内，鳖体大裙边宽，体色微黄，生长和繁殖性能好。

（2）太湖品系（太湖鳖）　分布在太湖流域，背上有多个花点，腹部有块状花斑，抗病能力较强。

（3）中华鳖洞庭湖品系（湖南鳖）　分布在湖北、湖南等地，其成体外形较整齐，生长速度和抗病能力与太湖品系相似，口感较好。

（4）黄沙品系（黄沙鳖）　分布在广西境内，其体长圆、腹部无花斑、体色较黄，鳖体背可见背甲肋板，生长速度较快。

（5）中华鳖台湾品系（台湾鳖）　分布于我国台湾省南部和中部，适合小规模的工厂化养殖，但不宜外塘养殖。

（6）鄱阳湖品系（江西鳖）　分布在湖北东部、江西及福建北部地区，成体青白美观，稚鳖腹部橘色无花斑，生长速度与太湖品系相当。

二、养殖区域特色明显

我国鳖的养殖主要集中在浙江、湖北、安徽、湖南、广东、广西、河南等地。其中，浙江、湖北、安徽是全国鳖类养殖的三大主产区，年产量占全国年总产量的近60%。经过几十年的发展，鳖养殖业在各省市地区形成了一定的区域特色。

浙江省2023年鳖养殖总产量9.4万吨，居全国第二位（图

1-2）。浙江省多年来致力于以生态养殖（仿生态甲鱼养殖模式、虾鳖鱼混养模式、稻鳖共生模式以及温室养殖模式转型升级）为核心，创新鳖养殖新模式。浙江嘉兴市秀洲区生态甲鱼养殖面积接近266.7hm^2。浙江绍兴市也涌现出"水稻—鳖""水稻—虾"等一批可复制、可推广的"稻渔共生"高效生态种养模式，亩均经济收益超1.5万元。

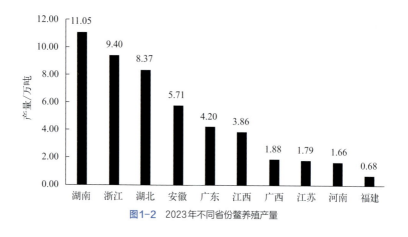

图1-2 2023年不同省份鳖养殖产量

湖北省是中华鳖养殖大省，养殖面积居全国前列，2023年养殖产量接近8.37万吨，中华鳖也是湖北省重要的名优特色水产品。2017年，湖北省成立武汉—仙桃国家农业科技园中华鳖良种繁育示范基地；2022年，中国水产科学研究院长江水产研究所与湖北宏旺生态农业科技股份有限公司合作成立了湖北中华鳖生态养殖技术研究中心，进行中华鳖绿色健康养殖模式和技术的探索，促进鳖养殖业的高质量发展（图1-3）。

安徽省是中华鳖主产省份，"十四五"期间，安徽省中华鳖养殖主推温室育苗、池塘生态养殖和稻鳖综合养殖等新型养殖模式。2023年，全国中华鳖产量为49.7万吨，安徽省产量为5.71

図1-3　湖北中华鳖生态养殖技术研究中心挂牌

万吨，占全国11.5%。养殖面积和养殖产量逐年增加，产量已居全国第三。2020年中国水产科学研究院长江水产研究所与安徽省喜佳农业发展有限公司联合建立中华鳖联合育种中心，力争构建成为优质高效的现代中华鳖种业示范基地，实现科技与经济发展共赢。安徽蓝田农业集团有限公司先后被评为国家级水产良种场、国家级水产健康养殖和生态养殖示范区、国家级农业产业化龙头企业、全国现代渔业种业示范场，已成为华东地区最大的龟鳖繁育、生态养殖及深加工基地。

　　湖南省常德市汉寿县素有"中国甲鱼之乡"的美称，汉寿甲鱼人工繁殖苗种在全国起步最早，20世纪70年代末游洪涛在汉寿县开展鳖人工繁殖研究并获得成功，从此开启了我国鳖养殖业的序幕。汉寿已初步建立起"苗种—养殖—加工"较为完整的产业链，2022年，汉寿县在中国（汉寿）甲鱼产业大会上被授予"中国龟鳖产业启航地""中国生态甲鱼品质强县"称号。

　　江西省南丰县经过当地养殖户多年的生产实践和总结，已形成一套适合本地气候条件和市场需求的"苗种+精品"高效养鳖模式。作为全国最大的鳖苗供应地区，2023年，南丰县养鳖总面积达到2.5万亩，年产种蛋4.1亿枚，孵化种苗1.2亿只，鳖苗占全国苗种供应的30%，产值突破20亿元，已发展成为南丰县的第二大产业。其中作为甲鱼养殖主产地的南丰县太和镇还被评为江西省"生态龟甲小镇"。

江苏省宝应县是最早开展中华鳖人工养殖的县之一，2022年该地区中华鳖养殖面积达8.6万亩，年产中华鳖1942吨，产值2.3亿元。

三、养殖模式多样

目前鳖类养殖模式主要有温室养殖（图1-4）、池塘养殖（图1-5）、"温室+池塘"养殖模式、外塘生态养殖（包括鱼鳖混养），还有部分稻（莲）鳖综合种养模式（图1-6）和鱼鳖混养模式。

图1-4　温室养殖模式

图说高效养鳖技术（全彩升级版）

图1-5 池塘养殖模式

图1-6 莲鳖综合种养模式

（一）池塘养殖模式

池塘养殖（图1-7）技术相对简单，严格按照"四定"原则进行饲养管理，及时清除剩饵和病鱼，保证养殖水体的质量。池塘养殖只需池塘租赁、饲料、维护以及必要的生产性投入等费用，成本相对较低。

　　与规模化养殖相比，池塘养殖单位密度较小，鳖在池塘中活动空间大，发病率较低。充足的阳光照射，不仅可有效地利用紫外线杀菌作用，减少病害的发生，还可增加钙的吸收，减少药物和添加剂的使用，提升鳖的质量。

　　池塘养殖过程中，鳖可摄食部分天然饵料，补充人工饵料中部分营养的缺失，体质更好；池塘养殖的鳖，市场价格更高。

图1-7　池塘养殖

（二）"温室+池塘"养殖模式

　　"温室+池塘"养殖模式（图1-8）是温室养殖和池塘养殖的结合体，主要方式是幼鳖在温室养成大规格苗种后，再投放到池塘进行养殖，经1～2年的室外池塘养殖养成商品鳖后销售。此模式可缩短鳖的养殖周期，同时也节约了水资源，降低了养殖人工成本与饲料等费用。

图1-8 "温室+池塘"养殖模式

温室养殖是一种集约化、规模化、高投入和高风险的养殖形式，温室建造和生产性投入较大，日常管理的要求更高、更精细（图1-9）。温室养殖经过几十年的发展，养殖技术日益成

图1-9 鳖的温室养殖

熟，目前我国多数大型养殖场都采用温室养殖。

由于温室温度恒定，常年维持在30℃左右，鳖一年四季都能够生长，大大提高了鳖的养殖产量。从3.5g左右的稚鳖生长到500g左右只需8～10个月；如果再配合科学的管理以及良好的饲料，还可进一步缩短养殖时间。而在传统养殖模式下，达到此规格，养殖时间往往都需要一年半甚至更长。

工厂规模化养殖的温室池塘多为钢筋混凝土池，养殖密度较大，配备有曝气、增氧和换水的设备设施，能够保持良好的水质和溶解氧状态。温室养殖中，体重3.5g左右的稚鳖放养密度可达40～100只/m^2。

温室养殖有效减少了对劳动力的依赖，工厂化的温室养殖设施可以保证水温能够常年保持在相对恒定温度。注水、排污、投饵、曝气可实现自动化控制，在减少劳动力支出、提高养殖效益的同时，也节约了土地资源，最大限度地减少养殖尾水对水环境的影响。

温室养殖环境不受如暴雨、高温等恶劣天气的影响，也大大减少了敌害生物对鳖类的侵袭。只要措施得当，按照鳖养殖规范进行喂养，其成活率可高达90%以上。池塘养殖过程中，动物性和植物性饵料的摄食弥补了配合饲料营养不均衡的缺点，外塘养殖虽生长速度放缓，但晒背等活动可提升鳖的品质，提高养殖经济效益。

"温室+池塘"养殖模式中的室外池塘养殖严格按照基本操作规范进行。池塘清塘和消毒后，将消毒处理后的鳖苗转入池塘，定期巡塘，做好生产记录。

第三节　我国鳖养殖业发展趋势

随着水产养殖业的高质量发展，鳖养殖业也将进入一个新的时期。坚定绿色养殖、健康养殖发展理念，降低养殖成本、改善养殖环境，加强科技创新，推进鳖养殖业的提质增效，成为鳖养殖业发展的目标。优良鳖种质资源开发、先进疾病防控和质量安全体系建立、标准化健康养殖、精深加工等全产业链协调发展将为养殖业可持续发展提供重要支撑。

一、鳖种质资源合理利用

中华鳖作为我国重要的水产经济动物，其遗传资源的保护与挖掘利用受到了越来越多的关注。中华鳖存在多个品系，如黄河品系（图1-10）、淮河品系、洞庭湖品系（图1-11）等。随着中华鳖养殖范围的不断扩大和养殖产量的日益增加，众多养殖场和育种场之间频繁不规范引种以及不科学的配组繁殖，导致中华鳖苗种良莠不齐，生长速度减慢，优良种质性状严重退化。

图1-10　中华鳖黄河品系

图1-11　中华鳖洞庭湖品系

在中华鳖种质资源合理利用方面，相关科研机构开展了中华鳖的种群状况和遗传多样性的评估和监测，为遗传资源的保护提供了科学依据。此外，对优良种质资源进行了挖掘利用，解析中华鳖相关性状的遗传机制，寻找有价值的基因资源，为中华鳖产业的可持续发展提供了有力的技术支持。

二、疾病防控

对中华鳖疾病及其防治的研究还比较匮乏，大部分是对疾病诊断和治疗试验的报道，对于病原学、感染途径、鳖体的防御体系、病理学、药理学及免疫机制等研究才刚刚起步，尚待深入开展。随着集约化、工厂化养殖规模的不断扩大，现有鳖病防控技术已不能满足鳖养殖业的需求，研究已经滞后于生产，加之很多养殖场防控意识淡薄、滥用药物、管理不善等因素更使鳖病屡屡暴发流行。

今后需要研究中华鳖主要疾病的流行病学特征与病原学问题，研发增强免疫力的疫苗和营养添加剂，研究针对疾病的绿色防控药物和益生微生物，研究中华鳖养殖环境调控和生物操纵技术，进行中华鳖主要疾病绿色生态防控技术集成。建立中华鳖种苗繁养主要疾病绿色综合防控技术体系，开展区域性示范应用和推广，降低养殖中华鳖疾病发生率，减少因病害问题

图说高效养鳖技术（全彩升级版）

造成的经济损失，提高养殖中华鳖的产品质量，实现中华鳖养殖增产增收，助力乡村振兴。

三、质量安全

渔用药物等有毒有害物质残留是导致中华鳖质量安全的主要问题之一，建立养殖全程质量安全控制技术规范对中华鳖质量控制具有重要的意义，特别是关键节点的质量安全控制技术方法。建立中华鳖投入品数据库，及时对其质量安全进行预测预警。全面评估产地环境，建立中华鳖适宜养殖产地环境识别技术体系与方法。

四、技术创新和标准化健康养殖

现代渔业的发展，要求生产者或者生产企业向工厂化标准化生产转变，每个生产环节必须按照标准化生产的要求完成。标准化生产不仅能够减少生产成本，减轻劳动强度，而且能够提升水产品的附加值，提高养殖产量，满足人民对优质蛋白的需求，提高养殖效益。同时减少生产对环境的影响，有利于产业的健康发展。

在2005年之后鳖类市场行情逐步好转时，政府为保证龟鳖养殖行业正常运转，规范其行业操作规程和技术标准，成立了龟鳖养殖行业组织，组织制定了相关的操作规程和技术标准。针对鳖养殖生产过程中出现的问题，组织有关专家进行全养殖环节标准化规范的制订，为鳖养殖业发展提供技术保障。

五、产业精深加工

大力发展鳖精深加工相关产业，建立鳖深加工产业园，投资兴建基础设施和标准厂房。基础设施包括冷库、废水处理系统、供电系统、供热系统。建设宰杀分割、预制菜加工、裙边加工、生物产品制造等精深加工设施设备。

六、鳖类全产业链构建

近年来，渔业主管部门、行业协会、养殖企业等充分发挥各自的优势，初步构建起科研、繁育、养殖、加工、文旅、销售的全产业链条，组建专业合作社或产业联盟。

鳖类产业联盟，在养殖方面采取统一规划设计、建设、采购、管理、技术指导、销售的生产经营机制；在新市场环境下，鳖类产业联合体专业化分工、多元化合作、规模化开发、标准化生产、品牌化的运营机制，最终实现利益共享、风险共担。鳖类产业联盟可以有效降低损害养殖者利益的风险，有效控制鳖类的产销两端市场，使养殖者掌握市场话语权，积极促进鳖类行业稳步发展。同时，为了保证鳖类养殖的高质量发展，企业或者联盟可以与高校或者科研单位进行合作，为鳖类养殖、精深加工、产品开发提供技术支持。另一方面，企业也可以继续加大资金投入，不断升级、完善生产设施，加强科技创新，促进产业的高质量发展，为可持续发展提供支撑。

第二章

中华鳖的生物学特性及新品种

第一节 中华鳖的生物学特性

　　鳖属于爬行纲龟鳖目鳖科鳖属。中国现养殖的主要有中华鳖，引进养殖种有日本鳖、美国的佛罗里达鳖、泰国鳖等。中华鳖在中国、日本、韩国、越南北部以及俄罗斯东部均有分布。

一、形态特征

　　中华鳖外形扁平、椭圆形，头部较尖，眼小，颈长，颈可自由伸缩于鳖甲内外，吻长，吻前端有鼻孔，上下颌为角质状喙。背甲和腹甲由表皮和真皮构成，真皮形成骨质性的骨板，表皮构成胶质裙边。背甲呈暗绿色、浅土黄色或黄褐色，腹面白里透黄或粉红色。同一种鳖因地理分布、性别、年龄的不同，体色也有一定的差异。如图2-1和图2-2所示，性成熟的雄鳖尾长超出裙边，雌鳖不超出。

图2-1　雄性中华鳖

图2-2　雌性中华鳖

二、生活习性

　　鳖为用肺呼吸的变温动物，经常间歇性浮到水表面交换气体。性胆小，稍有响声就潜入水底，喜欢栖居在安静的水环境中。水温低于20℃时，有晒背的习性，以提高体温，增强代谢（图2-3）；低于15℃时，停止摄食；低于10℃时，处于冬眠状

图说高效养鳖技术（全彩升级版）

态；水温超过35℃时，喜栖息于阴凉处。

图2-3 正在晒背的鳖

三、食性

鳖的动物性饵料包括贝类（螺、蚌、蚬等）、甲壳类（虾、水蚤等）、昆虫类（蝇蛆、蚕蛹等）、鱼类和蚯蚓等（图2-4）；植物性饵料有玉米、蔬菜、红薯以及藻类等（图2-5）。人工养殖情况下，以摄食人工配合饲料为主，还可辅以动物性饵料或植物性饵料。

蚯蚓

对虾

图2-4

蚕蛹　　　　　　　　　　蚌肉

图2-4 中华鳖动物性饵料

玉米粒　　　　　　　　　　蔬菜

红薯　　　　　　　　　　藻类

图2-5 中华鳖植物性饵料

四、生长性能

　　鳖的生长与个体大小、养殖环境以及饵料密切相关。体重50g以下的稚鳖喜摄食动物性饵料，投喂人工饲料时生长较慢；50g以上的幼鳖养殖较为容易，投喂人工配合饲料和动物性饵料均可。鳖体重在300g以下时，雌鳖比雄鳖生长快；

300～600g时，雌、雄鳖生长速度相近；1000g以上时，雌鳖达性成熟阶段，其生长速度较雄鳖慢。与自然状态下的鳖相比，人工养殖状态下鳖的生长速度更快。

五、繁殖特点

亲鳖通常在4～5月份交配，交配前雌、雄鳖有明显的戏水追逐表现，然后进行交配，体内受精。进入输卵管的精子一直到翌年的5～8月份仍保持有受精能力。受精卵（蛋）为多黄卵，无气室，在卵巢中发育（图2-6）。

图2-6 中华鳖卵巢（左）和精巢（右）

5月中旬左右进入产卵期，6～7月份为产卵高峰期，产卵活动一直延续至8月中旬（图2-7）。通常一个生殖季节产卵2～3次，多的为4～5次。产卵数量和次数与个体大小相关，一般初次产卵数多为8～16枚，经产的每次每只产卵数可达15～25枚，性成熟雌鳖每年可产卵50～80枚（图2-8）。

夜晚时雌鳖通过产卵通道进入产卵场的细沙堆挖坑产卵（图2-9），产卵后雌鳖用沙土覆盖受精卵（蛋），再返回水体中。刚产出的卵（蛋）近圆形，直径1.5～2.0cm，重3.0～5.0g，适宜孵化温度为28～32℃，45天左右孵出稚鳖（图2-10）。

图2-7 产卵亲鳖

图2-8 鳖蛋收集

图2-9　产卵房

图2-10　中华鳖鳖卵及稚鳖

第二节　中华鳖的新品种

一、日本品系中华鳖

日本品系中华鳖是在1995年由杭州萧山天福生物科技有限公司从日本引进，与浙江省水产引种育种中心合作，经6代12

年培育而成。2007年通过全国水产原种和良种审定委员会审定
（GS-03-001-2007）（图2-11）。

图2-11　日本品系中华鳖

鳖甲为长椭圆形或圆形，背甲黄绿或黄褐色，腹面乳白或
浅黄色；体形匀称，呈圆形，体表光滑、色泽晶亮，厚实宽大，
肉质丰满，裙边宽度与体背长比值约为0.37：1。鳖体脂肪少，
胶原蛋白丰富，蛋白质含量达18%。鳖摄食早，吃食快，抗病
力强，生长速度快，温度越高摄食量越大。

二、清溪乌鳖

清溪乌鳖是从太湖鳖分离筛选出来的中华鳖品系，其规模
化人工养殖逐渐受到广大养殖户的关注，尤其在江浙一带（图
2-12）。体形与普通甲鱼相似，典型特征是腹部乌黑，富含黑色
素。其体表颜色呈黑色，背部有深黑色斑纹，从吻端到四肢脚
爪及鳖尾的腹部全为黑色。部分个体在成长中，乌黑体色会随
环境稍有改变，呈黑白相间的大理石花纹。乌鳖营养价值更高，

肌肉氨基酸总量、人体必需氨基酸总量、呈味氨基酸含量、蛋氨酸含量均较高。裙边宽厚、胶质蛋白含量高、脂黄、肌红、无腥味，口感极佳。

图2-12　清溪乌鳖

　　清溪乌鳖是1992年至1994年从浙江德清和杭州塘栖捕到的腹部乌黑的野生中华鳖共11只，经5年的培育和扩繁形成360只基础群体，从1998年开始采用群体选育方法，以形态特征为主要选育指标，经连续5代选育而成的新品种。2008年通过国家水产原种和良种审定委员会审定（GS-01-003-2008），适宜在全国各地人工可控的淡水中养殖。

三、中华鳖"浙新花鳖"

　　中华鳖"浙新花鳖"由浙江省水产引种育种中心和浙江清溪鳖业有限公司联合选育而成，其父本、母本分别为中华鳖"清溪乌鳖"（GS-01-003-2008）和"中华鳖日本品系"（GS-03-001-2007）。利用杂交技术整合了两个中华鳖品种的优势，育成生长快且具有明显腹部花斑的新品种（图2-13）。

图2-13　中华鳖"浙新花鳖"

2015年中华鳖"浙新花鳖"通过国家水产原种和良种审定委员会审定（GS-02-005-2015），该品种生长速度较母本中华鳖日本品系提高10%以上，腹部黑色花斑明显。适宜在全国各地人工可控的淡水水体中养殖。

四、中华鳖"永章黄金鳖"

中华鳖"永章黄金鳖"的亲本来自河北省阜平县沙河、胭脂河等自然水域及养鳖场中体色突变为黄色的中华鳖。采用群体选育技术，每代对选育群体在鳖卵、稚鳖、幼鳖及亲鳖4个阶段分别进行选择，经连续4代培育而成（图2-14）。

中华鳖"永章黄金鳖"具有体色金黄、生长速度快、市场价值高等优点，性状遗传稳定，观赏价值较高，具有明显的生产优势和增产潜能。经过连续4代选育，新品种所产子代中体色呈金黄色的比例为93.27%。在相同养殖条件下，与未选育中华鳖相比，一龄鳖生长速度平均提高18.1%，二龄鳖生长速度平均提高23.3%。适宜在河北、山西和天津等地人工可控的淡

图说高效养鳖技术〔全彩升级版〕

水水体中养殖。

图2-14　中华鳖"永章黄金鳖"

五、中华鳖"珠水1号"

中华鳖洞庭湖品系是我国最早获得开发利用的种质资源，初孵稚鳖腹甲绯红、无斑，成体背甲呈橄榄绿或土黄色，腹甲玉白或微红。同时，该品系具有生长速度快、环境适应性强、裙边宽厚等良好性状，具备较高的产业开发价值。中华鳖洞庭湖品系在我国南方地区比较受欢迎，群众基础广泛，市场认可度较高。

中国水产科学研究院珠江水产研究所和广东绿卡国家级中华鳖良种场以1992～1993年从湖南常德收集挑选的2.1万只洞庭湖品系野生中华鳖个体为基础群体，通过连续5代选育，以生长速度为目标性状，采用群体选育技术，获得快速生长新品种（GS-01-011-2020）中华鳖"珠水1号"（图2-15）。该新品种在相同养殖条件下，与当地未经选育的中华鳖相比，生长速度平均提高12.3%，裙边宽度提高了5%以上。适宜在广东、广西、江西等长江以南地区人工可控的淡水水体中养殖。

图2-15　中华鳖"珠水1号"

六、中华鳖"长淮1号"

中华鳖黄河品系是中华鳖的代表性品系，具有"背黄、腹黄、脂肪黄"三黄的典型特征，主要分布在甘肃、宁夏、陕西、河南、山东等地，体大裙宽，体色微黄，生长和繁殖性能佳。

中国水产科学研究院长江水产研究所和安徽省喜佳农业发展有限公司以2003年从河北康态中华鳖良种有限公司（原河北康态中华鳖良种场）引进的中华鳖黄河品系养殖群体中挑选的5000只个体作为基础群体，以生长速度为目标性状，采用群体选育技术，经过连续4代选育培育获得中华鳖"长淮1号"（GS-01-014-2023）（图2-16）。在相同的养殖条件下，与未经选育中华鳖黄河品系群体相比，一龄温室养殖阶段中华鳖"长淮1号"

生长速度提高15.22% ～ 21.28%；二龄池塘养殖阶段中华鳖"长淮1号"生长速度提高13.40% ～ 17.52%，该品种适宜在北方地区可控淡水水体养殖。

图2-16　中华鳖"长淮1号"

鳖 场 建 设

鳖场建设应符合当地发展规划和土地利用规划，选择交通便利、地势平坦、电力充足、水源优质的地区进行建设。

第一节　鳖场环境条件

一、水源

水源是鳖养殖过程中最重要的条件。充足的水源、良好的水质是养殖生产成功的保障。水质好的江河、湖泊、水库、山泉、溪流或地下水都可作为养鳖的水源。除水源水质以外，还要分析当地的气候变化，如旱季防止缺水，雨季能及时排涝。

二、水质

水质主要受物理、化学和生物三种因素的影响。

1. 物理因素

（1）水温　鳖为变温动物，当水温为2～10℃时，大多数鳖已经停食，进入冬眠状态；水温从10℃上升到15℃时，鳖开始活动，有的开始摄取少量食物；水温为22～30℃时是鳖最适宜的生长水温，此阶段生长最快。尽可能延长适宜水温期，有条件的可以采取控温措施增加适温时间。

（2）水体透明度　主要指光透入水中的深浅程度。水体接受的光照量直接影响着池水的水温，另一方面也决定着水中的光合作用。光合作用不仅可以增加水体的含氧量，而且也影响着水中饵料生物的生长。鳖养殖对透明度的要求是20～40cm。

（3）悬浮物　主要指悬浮在水中的固体物质，悬浮物过多，不仅影响水的光合作用，也会影响鳖的摄食行为。

2. 化学因素

二氧化碳是水生植物光合作用的原材料，水生植物通过光合作用可产出大量的氧气和生物饵料。硫化氢是含硫有机物经厌氧细菌分解而成的有害气体，渔业水质标准（GB 11607—1989）规定硫化氢浓度不高于0.2mg/L。氨氮是在氧气不足情况下产生的有害气体，渔业水质标准规定氨氮浓度不高于0.02mg/L。硝酸盐是水中氮存在的一种比较稳定的形式，如果浓度过高也会对鳖产生影响，《渔业水质标准》规定不高于0.05mg/L。亚硝酸盐是硝酸盐等物质的不稳定氮化合物，浓度过高对鳖会产生毒害作用。

水中溶解盐对水体硬度、pH值、水生态环境以及物质循环会有影响，应控制在一定的范围之内。溶解有机物是生产饵料生物的物质基础，在自然水域比较重要，更是影响水质的主要因素，过多的溶解有机物会影响鳖养殖池塘的水质。

3. 生物因素

在实际工作中，生物因素是相互关联的，应综合考虑。浮游生物的种群变化主要通过投放肥料和注水换水来完成。细菌种群变化主要通过泼洒益生菌等来实现。

三、土壤

不同土壤的理化作用和保水性能存在差异。建造池塘最好的土壤为壤土，其次为黏土。壤土介于沙土与黏土之间，含有一定的有机质，且硬度适中，保水性强，吸水性强，养分不易流失，土壤内空气流通，有利于有机物的分解。黏土的保水性强，但干旱时容易形成龟裂漏水。在进行池塘建设时，除了注意土壤种类外，还要注意土壤的化学成分，不能使用含有有毒化学物质的土壤建造池塘。

四、交通

物资运输和产品运输是日常的养殖管理活动，应选择离国道、省道或区域主要公路较近的区域作为场址。此外，为规避社会活动对鳖产生影响，距离不应少于5公里。

五、电力

电力是鳖养殖生产的保障，日常养殖活动如加水、换水、调节水质与水温都需用电，养殖场应配备足够的电力设施（图3-1）。

六、地形

地形选择需综合考虑，优先选择有梯级的地形建造池塘，可以借助地势实现进排水自流和流水养殖，减少能耗。不要选

图3-1　鳖养殖场供电设施

图说高效养鳖技术（全彩升级版）

择低洼地区，排涝不及时，易出现鳖逃逸，造成经济损失。

七、生态环境

空气中的有毒物质通过空气流动溶于水中，影响养殖水体水质，进而影响水产品品质，如二氧化硫溶入水中会降低水的pH值，严重时可造成鳖的大面积死亡。池塘建设需远离废渣集中区，废渣包括工业垃圾、生活垃圾等，雨水的冲刷可能使废渣中的有害物质随雨水进入主渠道或池塘，污染水质，影响鳖的生长。

第二节　鳖场场区规划与建设

一、场区规划原则

在鳖的养殖场建设规划上，主要基于以下四点原则。

（1）池塘建设数量以及大小要考虑鳖的习性和生产规模，合理布局。

（2）各生产环节要紧密连接，减少运输环节。

（3）生产方式和养殖模式根据自身条件合理规划，避免照搬照抄。

（4）保证水源的供应和排放，进水、排水需分开，不得共用。

二、建设内容

一个规范化的养殖场，应该做到功能分区，合理安排生产区和管理区。

生产区应按照不同的养殖阶段分别建设稚鳖池、幼鳖池、后备亲鳖池、亲鳖池、食用鳖池（图3-2、图3-3）。另外，还应建设产卵房、孵化房、饲料加工房等辅助养殖设施，并设置病鳖隔离池、病死鳖无害化处理设施、养殖尾水综合治理设施等。在基础建设方面，还应包括道路、电力设施、安防设施、进排水系统、水质监测、温控系统等（图3-4）。

图3-2　生产区

图3-3　生产试验区

图3-4 生产区道路

管理区应具有生产管理室、实验室、办公室、档案室等建筑，靠近生产区并与生产区严格隔离（图3-5）。

图3-5 管理区

三、建设的具体要求

（一）池塘建设

依据地理条件和鳖的生活习性进行各类鳖池的建设与配备，亲鳖池∶稚鳖池∶幼鳖池∶食用鳖池按照 1∶1.2∶1.6∶4.5 的比例进行配备。

不同鳖池的建设参数见表 3-1。

表 3-1 各类鳖池的建设参数

类型	面积 /m²	池深 /m	水深 /m	池底结构	池底沙厚 /cm	池坡比	池边与围墙距离 /m
稚鳖池	50～100	1.2～1.5	0.8～1.0	三合土	5～10	1∶2	0.5～1.0
幼鳖池	500～1500	1.5～2.0	1～1.5	沙土	5～10	1∶2	0.5～1.0
食用鳖池	500～3500	1.5～3.0	2～2.5	沙土	10～15	1∶2	1.5～2.0
亲鳖池	500～3500	1.5～3.0	2～2.5	沙土	10～15	1∶2	1.5～2.0
后备亲鳖池	500～3500	1.5～3.0	2～2.5	沙土	10～15	1∶2	1.5～2.0
控温越冬池	60～100	1.2～2.0	1.0～1.8	沙土	5～10	1∶2	0.5～1.0

1. 亲鳖池

亲鳖池要求按照鳖的自然产卵、生活习性进行建设，通常建在室外（图 3-6）。亲鳖池要求背风向阳、相对安静，并要求水源充足、注排水方便，不受日常养殖活动的影响。亲鳖池池底为软泥或细沙，厚度为 20～30cm，可供亲鳖越冬或夏伏。水深相对稳定，设置溢水口控制水位，防止淹没产卵池。亲鳖放养密度应较小，确保其生长和繁殖活动不受影响。

亲鳖池配套建有产卵房或产卵棚，高 1.5～2.0m，在池的南面池埂上建设，每 100～120 只雌性亲鳖所需产卵房面积约

图3-6 亲鳖池

$10m^2$（图3-7）。产卵房内设置产卵池，产卵池高出水面0.5m以上，设置产卵通道，坡比为1∶3。产卵池池深30cm，铺细沙不超过30cm，沙面与产卵通道高度基本持平（图3-8）。产卵通道可采用竹制、木质或网状结构，表面不要太光滑，利于鳖爬进爬出（图3-9）。

图3-7 产卵房

图3-8 产卵池

图3-9 产卵通道

　　亲鳖池内搭设食台和晒背台。食台为鳖进食的主要区域，主要材料有水泥瓦、网片、木板等，建设在池的一侧，略低于水面。晒背台为鳖提供了晒背休息、提高体温、减少长期在水中运动消耗的平台，主要材料有预制板、木板、尼龙网片、瓦片和竹席等（图3-10～图3-13）。

图说高效养鳖技术〔全彩升级版〕

图3-10 水泥瓦食台

图3-11 网片食台

图3-12 木板食台

图3-13 晒背台

2. 后备亲鳖池

后备亲鳖池可以参考亲鳖池建设。

3. 稚鳖池

稚鳖池分室内和室外稚鳖池，室内稚鳖池可采用水泥池，建设塑料大棚、阳光温室、暗温室等用于保证稚鳖全年生长所需的温度，减少外界环境对鳖生长的影响；稚鳖对外界的抵抗能力较弱，易受到外部环境的影响，室外稚鳖池可搭建凉棚或投放一些莲花、水葫芦等根系发达的漂浮性植物，漂浮性植物可为稚鳖提供遮蔽场所和改善水质。

室内稚鳖池面积较小，小稚鳖池以 $5 \sim 20\text{m}^2$ 为宜，大稚鳖池为 $50 \sim 100\text{m}^2$。形状多为长方形，池深1m左右，水深 $0.4 \sim 0.8\text{m}$，池壁为砖混结构，水泥抹面，池底铺设混凝土（图3-14）。

图3-14　室内稚鳖池

室外稚鳖池可采取水泥或砖石建造，通常面积为 $50 \sim 100\text{m}^2$，池深 $1.2 \sim 1.5\text{m}$，水深保持0.8m左右，池外要加设围栏，防止稚鳖逃逸（图3-15）。

图3-15　室外稚鳖池

稚鳖池内需设置遮蔽物和食台（图3-16）。遮蔽物多采用尼龙网、渔网或者漂浮性植物等，为鳖提供遮蔽休息场所（图3-17）。食台通常固定在池的一侧，略低于水面，主要材料为水泥瓦、木板等。

图3-16　稚鳖食台

图3-17 水葫芦遮蔽物

4. 幼鳖池

幼鳖对环境的适应力较稚鳖强，摄食及活动能力大大加强，养殖池面积相对较大，一般为水泥池或土池，水泥池面积为$50 \sim 300m^2$，池深$1.0 \sim 1.5m$，水深$0.8 \sim 1.2m$。土池面积为$300 \sim 1200m^2$，池深$1.5 \sim 2.0m$，水深$1 \sim 1.5m$，四周设有防逃设施（图3-18）。

图3-18 幼鳖池

5. 食用鳖池

鳖在青年期适应性强，摄食量大，生长速度快，攻击性强，养殖所需的空间也较大。目前食用鳖的养殖有室内养殖池和室外养殖池两种（图3-19）。

图3-19 食用鳖养殖池

室内养殖池多采取砖混结构，水泥抹面，混凝土铺底。面积为50～100m²，池深1～2m，水深0.8～1.8m。池四周向内出檐，出檐宽度约15cm，进水管为阀门控制，出水管可采取插管控制。

室外养殖池采取土池或水泥池，面积为500～3000m²，池深2m左右，水深1.5m左右，有独立的进排水系统（图3-20、图3-21）。外围设防逃设施，高50～80cm，防止鳖逃逸。

图3-20　池塘进水管

图3-21　池塘排水管

（二）温室建造

温室的种类主要有塑料大棚温室、阳光玻璃温室、全封闭暗温室等形式。虽然温室的保温材料、热源、水温不同，但结构基本相同。为保证池水的水温，根据各自的条件，可采用节能空调、水源热泵、太阳能、工厂余热水和温泉水等形式进行加温，设置调温池，将水温调至适宜的养殖水温。温室打破了鳖冬眠的生长习性，保证了鳖全年生长所需的温度，缩短养殖周期的同时，减少了冬眠对鳖的损害，有效地提高了成活率。

1. 塑料大棚温室

塑料大棚温室主体包括塑料大棚和养殖池（图3-22）。塑料大棚多为拱形，长40～50m，宽8～12m，温室内可建数个小型养鳖池，水深1m左右。温室两头为砖砌实墙，塑料大棚的骨架用钢管、角钢、螺纹钢等材料加工而成，骨架上面覆盖双层塑料薄膜，外层采用透光率高、抗污染和耐寒力强的无色透明防尘薄膜，内层采用耐高温、保温性能好的无滴薄膜。薄膜与地面相连接的四周用泥土封闭，以维持养鳖池的水温。

图3-22 塑料大棚温室

2. 阳光玻璃温室

阳光玻璃温室是采光覆盖材料与保温材料组合在一起的一种新型建筑，是一种以玻璃作为透明覆盖材料，以阳光或

图说高效养鳖技术（全彩升级版）

热辐射作热源的温室类型（图3-23）。阳光玻璃温室面积为500～3000m^2，主要是以热镀锌轻钢作为结构骨架，采用阳光板或者玻璃覆盖顶部，四周采用中空玻璃覆盖（图3-24）。温室地基土质应为沙壤土或轻黏土，应避开滑坡地段、泥石流多发地段及断层地带等不良地质环境位置。

图3-23　阳光玻璃温室外部

图3-24　阳光玻璃温室内部

3. 全封闭暗温室

（1）基础设施

全封闭暗温室的基础设施包括主体架构、保温材料、养殖池和辅助房（图3-25）。温室多采用钢架混凝土永久性结构，部分新式温室采用镀锌管支架。宜设置为东西朝向，考虑南北通风，设南门北窗，设单层或双层窗，双层窗有利于保温，单层窗需在窗内加一层泡沫板或海绵，门内层可选用棉胎、泡沫板、海绵等保温材料，也可安装排气扇（图3-26～图3-29）。面积一般为500～800m²，屋顶形状多为半圆形，墙体采用保温板材料制成，房顶自内而外依次覆盖无滴薄膜、保温泡沫板、油布等材料，并用绳索固定。

图3-25　全封闭暗温室

水泥池建在温室过道两侧，每个面积为60～100m²，深1.2～1.5m，水泥池池沿砌成15cm宽的小平面，池底为四周高、中间低，坡度在10°左右，便于排水捕捞，养殖池内壁用水泥刮平。在一侧池中建设1个蓄水调温池，面积约100m²，养殖池设置加热和进排水设备,进排水管均采用PVC塑料管。

图3-26 暗温室内部

图3-27 温室钢架结构

图3-28 温室轻钢结构

图3-29 温室排气扇

（2）加温系统

加温系统是温室养殖中的关键设备，常用的加温设施有空气能采暖热泵、水源热泵机组和太阳能采暖系统等。

空气能采暖热泵利用压缩机吸收空气中的热量，将热量转移到水中，从而达到养殖水体加温的效果（图3-30）。相比传统的燃煤取暖，空气能热泵高效稳定，普通燃煤锅炉的热效率只有85%左右，空气能热泵的热效率可以达到200%以上，最高达400%。风机盘管和热水管可利用热泵机组产生的热水提高温度，为鳖提供良好的生长环境。

图3-30 空气能采暖热泵

水源热泵利用地下水作为冷、热源进行转换（图3-31）。水源热泵机组供热时省去了燃煤、燃气和燃油等锅炉房系统，无燃烧过程，避免了排烟、排污等污染。水源热泵机组运行无任何污染，无燃烧、无排烟，不产生废渣、废水、废气和烟尘，对环境非常友好，是理想的绿色环保设施。

太阳能采暖系统是指将分散的太阳能通过太阳能集热器把太阳能转换成热能，热能加热水体，然后通过将热水输送到发热末端来提供热量的一种采暖系统（图3-32）。

（3）进排水系统

温室进水系统由进水管道和调温池组成，供水量由养殖池水体交换量决定，为保持温室中水温的恒定，每栋温室独立设置调温池，调温池通过PVC管连通各养殖池，由开关阀门控制

图3-31　水源热泵机组

图3-32　太阳能采暖系统

进水量，通过水泵引入各养殖池。

　　温室排水系统由排水管和排水沟组成，排水管位于略低于池底的位置，以便排污时污物顺水流出，让废水通过走道下面的排水沟流出温室（图3-33）。排水管外接一根与鳖池等高的塑料管，排水时拔出塑料管即可（图3-34）。鳖池中央出水口和排水管内侧安装不锈钢栏栅，防止鳖潜水逃逸。

图3-33　温室内部排水管

图3-34　温室外接排水管

（4）增氧系统

增氧系统是由罗茨鼓风机、增氧总管、乳胶支管、增氧盘组成（图3-35、图3-36）。1.1kW的罗茨鼓风机可满足500m²左右温室的供氧需求。罗茨鼓风机可将室外空气通过管道压到养殖水体中，水体在气流推动下进行气体交换，从而达到优化水质的目的。该增氧系统噪声低、设备简单、性能可靠、增氧效果较好，可为水体微生物提供氧气，分解残饵粪便，防止养殖池水质变差，影响鳖的生长和健康。

图3-35　温室风机

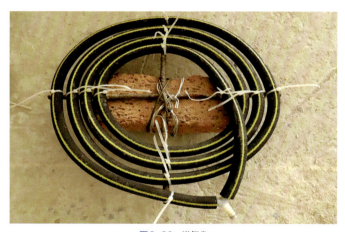

图3-36　增氧盘

（三）孵化房

孵化房包含多个孵化池，孵化池采用砖混结构（图3-37），面积2～5m²，高10～20cm，池内设立控温设施和湿度调节装置，分别用于温度和湿度调节（图3-38）。鳖蛋孵化也可采用孵化箱等孵化设施，孵化箱更易控制温度和湿度，占地面积小、可移动，利于鳖蛋小规模孵化。

图3-37　孵化房

图3-38　孵化房数字温度计

（四）辅助设施

辅助设施的建设根据养鳖场的不同功能略有不同，但各种辅助设施的组成基本相同，如道路、池埂、进排水渠、管理房等。一般情况下，在实用面积的基础上增加15% ～ 30%的面积即可。各个辅助设施的基本要求如下。

（1）消毒系统　进入孵化车间、稚苗池、幼苗池都必须要进行消毒，换上消毒服，鞋子和手消毒后方能进入。

（2）进排水系统　进水系统包括水源、水塔、高位水池和进水管道，水源可采用井水，使用前要进行水质分析，应符合《渔业水质标准》（GB 11607—1989）。

（3）水质净化系统　现代渔业生产中的重要组成部分，目的是将养殖尾水通过科学方式进行净化，保证资源的可持续利用。

（4）道路　主要是场内道路。场内道路分为主干道和支道，一般主干道为环形道路或横竖道路；支道连接主干道和各个养殖池，保证每个养殖池都能与道路顺利接通。

（5）电力设施　电力设施一般由专业电力部门基于养殖场规模进行设计安装（图3-39）。

（6）安全监控　安防系统是安全的重要支撑部分。现代安全监控系统与网络建设实现了融合，除了场内安全室的显示屏可以看到实时安全情况外，也可上网传输，实现异地监控（图3-40）。

图3-39　电力设施

图说高效养鳖技术（全彩升级版）

图3-40　监控设备

（7）水质监测系统　对水源、养殖用水进行实时监测，通常包括水质监测探头、数据采集传输设备等。水质监测设备应实现智能化，通过网络传输实现异地监控、自动报警和设备自动开启（图3-41）。

图3-41　水质监测设备

（8）场部建设　主要包括各类办公室、实验室、会议室、交流室、资料室、监控室、工具房、饲料仓库、药品仓库、停车场、运动场、职工宿舍、食堂等。

第四章

鳖的规模化繁育

第一节　亲鳖培育

一、亲鳖选择

亲鳖是指为人工养殖提供苗种的雌、雄鳖。亲鳖产蛋数量和质量与个体大小、年龄、健康水平等密切相关。优质种鳖每年可产蛋3～5批，每批产蛋20～50个，蛋重平均为3.5g。亲鳖应选择形态特征明显、体色正常有光泽、四肢壮而有力、活动能力强、裙边肥厚坚挺、无病无伤的个体（图4-1）。雌性亲鳖尾部较短，不能自然伸出裙边外，雄性亲鳖尾部较尖，能自然伸出裙边外。亲鳖配种雌雄搭配比例一般在（5～7）：1。

二、亲鳖性成熟

中国幅员辽阔，南北气候差异大，鳖的性成熟年龄长短不一。华北地区需3～6年，长江流域需3～5年，华南热带地区需3～4年。

亲鳖应加强培育和管理，尽量选择形态特征明显、体色正常有光泽、四肢壮而有力、活动能力强、裙边肥厚坚挺、无病

图4-1 亲鳖

无伤的个体，一般4年左右、体重2～3kg的亲鳖，繁殖能力最佳。

三、亲鳖饲养

（一）放养前准备

亲鳖放养前，池塘应在半个月前进行清塘消毒，常用的消毒药物有生石灰和漂白粉（图4-2）。生石灰每亩（约666.67㎡）用量为75kg，生石灰溶解成浆后进行全池泼洒，泼洒后应将淤泥和石灰充分混合，15天后再进水；漂白粉每亩（约666.67㎡）用量为4～8kg，加水溶解后全池泼洒，7天后投放亲鳖。清塘消毒可杀死池中的有害生物、野杂鱼和多种病原体，改良水质和池底微生态环境，为鳖创造一个良好的生态环境（图4-3）。

（二）亲鳖放养

每亩可放养300～400只亲鳖，水环境较好或小规格

图4-2 鳖池消毒

图4-3 池塘清塘

个体较多时，可适量提高放养密度。雌雄搭配比例一般在（5～7）：1为宜。

图说高效养鳖技术（全彩升级版）

（三）饲料投喂

亲鳖饵料以鱼、虾、动物内脏、蚕蛹、螺肉、蚌肉等为主，辅以麦粒、饼类、瓜类、蔬菜等或亲鳖用配合饲料。饲料投喂（图4-4）应遵循"四定"原则：

（1）定时　一般日投喂两次，可在每天早上6～7时及下午4～5时各投喂一次。

（2）定量　饲料投喂量应根据水温、天气以及亲鳖摄食强度而定，一般高峰期投饲率可达3%。

（3）定质　投喂的饲料必须新鲜，无腐败变质现象。

（4）定位　鳖习惯在固定的饵料台上摄食，搭建食台的材料应坚固耐用，不要经常变动位置。

图4-4 饲料投喂

（四）产后培育

生殖季节期间亲鳖能量消耗大，入冬前应尽量多投喂高蛋白质和高脂的饵料，以增加亲鳖的营养积累，使其能顺利度过漫长的冬眠期，降低冬眠后的死亡率。

（五）日常管理

定期观察和检测水质情况，防止水质老化。亲鳖池水质透明度宜控制在20～40cm，水色以淡绿色或茶褐色为佳。春、秋季节，亲鳖池水位可控制在1m左右，以便提高水温；夏、冬季节可提高到1.5～2m，防止水温过高或过低。亲鳖交配和产蛋期间应定期向池中灌注新水，以促使亲鳖发情、追逐交配。

及时清理饵料台，防止残饵影响水质。尤其是盛夏季节，应及时清除残饵，以投喂30min后清理为宜，以免腐败发臭产生氨气，污染水质，影响亲鳖的生长环境。

定时巡塘，清除池岸杂草，加强防逃设施维护，及时发现亲鳖病害并采取措施，做好管理记录等工作。

第二节　鳖的人工孵化

（一）孵化要素

影响孵化率的主要因素有孵化介质的温度和湿度。孵化介质可选用粒径较小的河沙（使用前用开水或漂白粉消毒）或蛭石。鳖蛋孵化时的温度以30℃为宜，湿度以80%为宜，45天左右可孵出稚鳖。

（二）鳖蛋收集与整理

将鳖蛋以动物极向上收集在孵化盆中（图4-5），3天后剔除未受精的鳖蛋，然后以500g蛭石加400mL水的比例浸润蛭石，置于恒温恒湿环境中孵化（图4-6）。

图4-5　收集鳖蛋

图4-6　整理鳖蛋

(三)孵化方法

1. 恒温箱孵化

根据鳖蛋孵化要求设置恒温箱参数，使用深度为4～6cm的方形塑料盘作为孵化盆，在盆中铺上1～2cm厚的蛭石，把蛋放在上面（动物极向上），然后再盖上1cm左右厚的蛭石，放入恒温箱中，温度保持30℃，湿度为80%，为防止蛭石干燥，需经常用喷壶洒水（图4-7）。

图4-7 恒温箱

2. 孵化房孵化

在孵化房内建造多个长1m、宽3m、深20cm的孵化区，各孵化区用隔板隔开，混凝土铺底并与排水口连接，以便于排水。孵化场注入约10cm深的水，将整理好的鳖蛋孵化盆叠放在孵化区水面20cm以上，保持房间温度和湿度恒定，温度保持在30℃左右，刚孵出的稚鳖具有亲水性会自动进入孵化区中

（图4-8）。

图4-8 孵化房

（四）孵化过程

孵化第1天，鳖卵通体透亮，受精鳖蛋的上部会出现乳白色的受精斑，其上半球为动物极（能形成胚的部分），下半球为植物极（为胚供给营养的部分），且受精斑大小占到卵整体的1/2左右。

孵化2～6天时，乳白色受精斑范围慢慢增大，达到动物极和植物极的中间（赤道）稍偏下侧后，不再扩大，中间壳膜的下方开始有环状圆形的胚盘出现。胚盘呈椭圆形，左右对称，胚盘中部有胚体组织出现，胚体扁平细长稍弯曲，呈新月状，约占胚盘宽度的1/3，颈曲出现，前脑向外膨大形成视泡，晶状体形成（图4-9）。

孵化7～9天时，网状血管从胚体辐射开来，胚体进一步加粗，头突出现，颈曲增长，上颌突生长，嗅囊形成，眼点突出，眼睛黑色素略有沉积；心跳较明显，躯干膨胀，背曲增加，尿囊原基出现，尿囊血管系统与胚胎连接，肢芽出现，尾芽慢慢伸长，尾芽基发生，尾部弯曲（图4-10）。

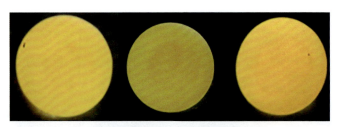

图4-9　鳖卵孵化2～6天时胚胎特征

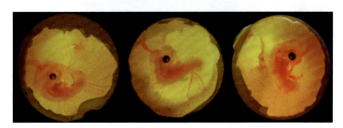

图4-10　鳖卵孵化7～9天时胚胎特征

孵化至10～15天时，卵壳颜色加深，呈浅粉色。胚体透明，膨胀明显，呈"C"状侧卧于卵黄上。卵黄囊血管区扩大明显，分支增多，内部有血管分布，血液循环加剧。胚胎头部膨胀，吻突和鼻突出现，眼区扩大，色素沉积加重，心脏旁两对红色肺的原基出现，背甲开始显现，肢体屈曲增加，前后肢芽明显增大，趾板可辨，尾增长，尿囊增大呈气囊状且内部血管分布明显（图4-11）。

在孵化至16～20天时，胚体开始在羊水中浮动，逐渐移向卵壳边缘，最终胚体旋转180°（图4-12）。胚体后脑明显发育并凸起，头部进一步膨大，头部血管更加明显，头宽与体宽

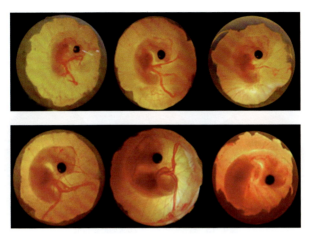

图4-11　鳖卵孵化10～15天时胚胎特征

相当，鼻突明显，吻突伸长，上下颌分化明显，颈曲伸长，心脏相对缩入体内。背甲长与脖长相当，背甲可见清晰的两条脊棱凸出，背部开始有色素沉着，背甲约占整个胚体纵长的1/2，腹甲开始初显。胚体前肢和后肢均明显加长变粗，前肢和后肢膝曲形成，前后指趾板开始出现指趾沟，均分化出五指。基部可见泄殖突突出，体内血管量更加丰富，清晰可辨。

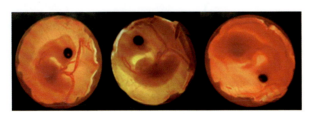

图4-12　鳖卵孵化16～20天时胚胎特征

孵化至21～26天时，胚体逐渐发育，脑部膨大，眼睛突出，颈部血管加粗，胚体宽厚，背甲透明，内脏器官形成，四肢偶尔出现抖动，趾间有蹼相连，尾部不卷曲，脑部发育完全，喙初步显现，眼球突出，背甲色素沉积增多，腹甲形成，腹纹明显，腹甲的良好发育逐渐遮挡了内部器官，卵黄消耗速度加快（图4-13）。

图4-13　鳖卵孵化21～26天时胚胎特征

孵化27～34天时，卵壳几乎不透光，胚体逐渐发育，眼睛膨大突出明显，颈部变宽短，背甲骨化增宽，色素沉积明显，四肢和脖颈有色素沉积；在此基础上，脖颈条纹清晰加深，下眼睑扩大，背甲中部色素沉积增加，并出现斑点，指甲变硬变长，胚体骨化程度更高（图4-14）。

图4-14　鳖卵孵化27～34天时胚胎特征

孵化35～44天时，卵壳外观呈暗灰黑色，胚体进一步发育，眼睑可以闭合，脖子伸缩能力加强，爪上色素加深，背甲白斑减少，颜色加深，内侧皮肤褶皱增加，卵黄减少明显，脖颈条纹加长，腹甲颜色加深，四肢强健并进一步分化，爪变硬、

图说高效养鳖技术（全彩升级版）

变长，整个胚体色素沉积增加，胚体大小、着色程度与孵出时相当（图4-15）。

图4-15　鳖卵孵化35～44天时胚胎特征

　　孵化第45天左右时，稚鳖顶破卵壳，头部或前肢先出（图4-16），绝大多数稚鳖已将卵黄全部吸收并在腹甲下方留有一个很小的脐孔，出壳后自行闭合，也有少数仍有微量的卵黄残留，稚鳖刚出壳时体表湿润，体色暗黑，卷曲的"裙边"在出壳2～3小时后自行舒展开（图4-17）。此时，孵化周期完成。

图4-16　正在出壳的鳖

图4-17 稚鳖

第三节　苗种培育

　　苗种培育分为稚鳖培育和幼鳖培育。稚鳖指刚孵化出来的、体重在3～150g的鳖，幼鳖指体重在150～400g的鳖。由于稚鳖、幼鳖体质弱，活动能力差，易受疾病和敌害的侵害，如果管理不当，死亡率很高，因此稚鳖、幼鳖的养殖过程是中华鳖养殖的最关键时期。

一、培育设施

（一）培育池

　　鳖苗种培育可在温室、塑料保温大棚和室外水泥池中进行，稚鳖池面积为10～60m²，水深0.5～1.0m；幼鳖池面积为50～300m²，水深0.8～1.0m（图4-18）。

图4-18　培育池

（二）加热保温设施

温室利用水源热泵、太阳能加热系统等设施进行加热，保证养殖水体水温在25℃以上。温室墙体和顶棚需用隔热材料进行隔热保温，以减少能耗。

（三）进排水系统

进、排水口分开设置，进水口设置在池的一端与温室蓄水池相连，排水口设置在池底中央最低处，与排水沟连通。

（四）遮蔽物和食台

培育池中可种植水草、浮萍等水生植物或悬挂渔网，为稚鳖、幼鳖提供栖息场所。培育池中还应配备2～6m²的食台，为稚、幼鳖提供进食场所。

二、稚鳖、幼鳖选择和放养

（一）稚鳖、幼鳖选择

稚鳖、幼鳖应严格按照标准进行挑选。稚鳖应选择脐带收齐、卵黄囊吸收完全、个体无畸形、行动活泼、体重在3.0g以上的苗种进行放养（图4-19）。幼鳖应挑选个体大、体型匀称、健壮有力、倒置能侧翻转、无病无伤的个体进行放养。

图4-19 稚鳖选择

（二）放养前准备

放养前15天，使用生石灰或漂白粉对水泥池进行消毒处理，消毒后更换池水以备养殖使用。苗种放养前用1%～2%盐水、5～10mg/L的高锰酸钾浸泡处理6～10min，浸泡过程中确保苗种完全没入溶液中。

（三）放养

在晴天池水水温超过25℃时进行转池放养，稚鳖放养密度为40～100只/㎡（图4-20），幼鳖放养密度为10只/㎡。

图4-20　温室稚鳖

三、投喂

稚鳖的培育饲料以稚鳖商品配合饲料为主。稚鳖的饲料日投喂量为鳖体重的2% ~ 3%，每天2 ~ 3次。

四、日常管理

(一) 水质调节

根据水色定期换水加水，水体透明度保持在20 ~ 40cm。在养殖池中投放水生植物如水葫芦、浮萍等，以改善水质（图4-21）。及时清理食台残饵，防止水质老化。

(二) 增氧

稚、幼鳖温室养殖密度高，空气交换量小，可通过增氧系统提高水体含氧量，防止养殖池水质退化，影响鳖的健康生长。

图4-21　幼鳖池

（三）病害防控

培育期间应注重苗种相关疾病的防治，定期泼洒EM菌等微生物制剂（图4-22），培养有益微生物种群等措施可分解残饵和粪便，同时抑制病原菌的繁殖。

图4-22　泼洒微生物制剂

（四）捕捞出售

应在稚、幼鳖刚冬眠苏醒时期进行捕捞，此期间稚、幼鳖处于疲软期，捕捞和运输时鳖很少发生相互打斗现象，减少了鳖的损伤（图4-23、图4-24）。

图4-23 稚鳖捕捞

图4-24 稚、幼鳖出售

（五）其他

做好巡塘和日常记录工作，清除池中杂物杂草，及时捞出病鳖并采取相关措施。

第 五 章

鳖 的 饲 料

饲料是指能提供动物所需营养素，可促进动物生长、生产和健康，且在合理使用下安全、有效的可饲物质。水产养殖的实质是利用水产动物机体将饲料转变成自身物质的过程。因此，饲料是影响养殖效果和养殖效益的主要因素之一。随着养殖模式和养殖技术的不断革新，鳖饲料来源不断拓宽，按照来源将常用的饲料可划分为天然饵料和人工配合饲料。

第一节　鳖的天然饵料

一、动物性天然饵料

刚孵出的稚鳖，摄食大型浮游动物、水生昆虫、小虾、小鱼等，也摄食少量的植物碎屑。幼鳖和成鳖，在野生状态下，以摄食鱼、虾、螺（图5-1）、蚌为主；人工养殖时可投喂黄粉虫、黑水虻（图5-2）、蚯蚓等活饵以及屠宰场的下脚料，还可投喂鸡肠、猪肝、杂鱼等动物性饵料。因此，在鳖的养殖过程中，可以根据不同的季节、地区，选择最经济适用的动物性天然饵料。同时在使用过程中需注意饵料的保鲜，防止腐败，建议在投喂前清洗干净，煮熟后再切碎投喂，不仅可以杀菌消毒，还可以促进鳖的摄食和消化，效果更佳。但是，投喂过多，鳖未吃完的动物性饵料极易腐败变质，污染水环境，会直接影响鳖的生存。

图5-1 田螺

图5-2 黑水虻

二、植物性天然饵料

鳖的植物性饵料包括各种粮食及其加工副产品，以及南瓜、黄瓜、胡萝卜、番茄、青菜等瓜果蔬菜，这类新鲜的植物性饵料适口性好、维生素丰富，且资源丰富，成本较低，但其所含各种营养成分不均衡，应与动物性饵料搭配使用。鲜活植物性饵料的添加比例为10%～20%，可根据鳖在生长发育过程中对各种营养物质的需求情况，按不同的生长阶段进行合理调节。另外，植物性天然饵料如葎草（图5-3）、艾草（图5-4）、马齿苋、鱼腥草等新鲜药草，可起到补充营养与预防疾病的作用。

图5-3　葎草

图5-4　艾草

鳖的营养需求是配制饲料的基础。鳖生长发育所必需的营养物质主要由五大类组成，即蛋白质、脂肪、碳水化合物、维生素和矿物质。如果缺少一种或多种必需的营养物质，将会导致鳖生长缓慢、抗病能力降低。若长期得不到满足，将会引起鳖健康受损，甚至导致死亡。

一、鳖的营养需求

（一）蛋白质

蛋白质及其组分氨基酸是所有生物体结构和代谢中必不可少的成分。鳖的生长主要是蛋白质的积累，鳖机体粗蛋白含量约占干重的70%。饲料中蛋白质水平是影响鳖生长的主要因素。研究表明，随着饲料中蛋白质含量的升高，鳖的生长潜能会逐步激发，当达到一定的水平后维持稳定，但饲料蛋白质水平过高也会降低鳖的生长速度，并对健康起到负面作用。故鳖饲料的蛋白质含量应控制在一个恰当的范围内，并非越高越好。绝大部分研究集中在稚鳖阶段（＜150g），以生长作为判断依据，鳖的饲料中的蛋白质需要量在40%以上（表5-1）。

表5-1　鳖饲料中的蛋白质需要量

初始体重/g	判断依据	最适需要量/%
3.7	生长	42.20
4.8	蛋白质保留率	34.60
5.11～5.14	生长	46.48
10～15	生长	46.60

图说高效养鳖技术（全彩升级版）

初始体重/g	判断依据	最适需要量/%
55.95	生长	37.00
150	生长	42.49
293	生长和营养品质	45.00

（二）脂肪

脂肪是脂溶性维生素的载体，鳖饲料中的能量来源，包括必需脂肪酸、胆固醇和磷脂等重要物质。鳖饲料中的脂肪水平应在3%～10%。饲料中脂肪含量过高不仅容易氧化，影响鳖的生长速度，还会增加活性氧的含量和氧化还原状态的变化，影响鳖体抗氧化系统的功能，威胁鳖的健康，降低存活率。

（三）碳水化合物

碳水化合物俗称糖类。碳水化合物、脂肪和蛋白质都可以产生能量，以满足鳖的生长、发育和代谢需要。如果前两者供给不足，价格昂贵的蛋白质便要作为能量被消耗。糖类是最廉价、最容易得到的能源物质。因此，在饲料中添加适量的糖类，可以减少蛋白质的消耗，节约饲料成本。鳖饲料中糖类适宜含量为20%～28%。碳水化合物的添加量也不宜过多，过多会以糖原的形式贮藏在鳖的肝脏中，也可转化为脂肪沉积在体内，对鳖的健康产生负面影响。鳖对高分子的多糖类（如淀粉）的消化吸收较高，而对简单分子寡糖类（如蔗糖、葡萄糖）的利用率较低。另外，鳖对生淀粉具有较高的利用能力，饲料淀粉预糊化可以增加鳖的饲料利用率，但是对生长没有影响。

第五章 鳖的饲料

79

（四）维生素

维生素是维持鳖生长、繁殖和健康的一类物质，通常不能自身合成，必须从饲料中获取。维生素可分为水溶性和脂溶性两类。其中，水溶性维生素11种，包括8种B族维生素，其需要量相对较小，主要作为辅酶；另外3种水溶性维生素，即胆碱、肌醇和维生素C，需要量相对较大，虽不作为辅酶，但具有其他功能。还有4种脂溶性维生素，包括维生素A、维生素D、维生素E和维生素K。饲料中添加维生素不仅有利于提高鳖的饲料效率和生长速度，还可提高鳖的免疫力和抗病力。鳖饲料中部分维生素需要量见表5-2。

表5-2   鳖饲料中部分维生素的需要量

初始体重/g	维生素	判断依据	最适需要量/（mg/kg）
6.8	维生素A	增重率、红细胞计数和肝脏维生素A含量	2.58～3.48
4.8	维生素E	增重率	58
6.1	维生素K	增重率、血浆总凝血酶原浓度和肝脏维生素K	21.5～29.9
4.3	维生素C	甲壳胶原蛋白和强度	370～380
103～214	维生素C	特定生长率	500

（五）矿物质

矿物质又称无机盐类，是维持机体正常生理功能不可缺少的物质，占动物体重的3%～5%。矿物质可分为两类，即常量元素和微量元素。需要量在0.01%以上的称为常量元素，钙、磷、氯、镁、钠、钾是6种最常见的常量矿物质元素。对鳖而言，由于没有鳃，无法从淡水中摄取足够的钙，饲料中的钙需求量比鱼类更高。而需要量在0.01%以下的叫微量元素，是激素和酶的重要组成部分，铜、钴、铬、碘、铁、锌、锰、硒是最常见的微量矿物质元素。其他微量元素如铝、砷、钴、钼等的需要量通常极少，不必在饲料中额外添加。鳖饲料中部分矿物质营养素的需要量见表5-3。

表5-3 鳖饲料中部分矿物质营养素的需要量

初始体重/g	矿物质	来源	最适需要量/（mg/kg）	判断依据
4.76	镁	硫酸镁	970	甲壳强度和血浆碱性磷酸酶活性
4.1	钙	碳酸钙	5.7%	生长性能
	磷	磷酸钙	3.0%	
5.55	铁	硫酸亚铁	120～198	特定生长率
5.06	铁	柠檬酸铁	266～325	组织铁含量和血液学参数
4	锌	七水硫酸锌	60.03～61.27	增重率、转氨酶活性
4.8	锌	七水硫酸锌	42～46	肝脏、血清、甲壳和骨锌含量
4.26	铜	硫酸铜	4～5	生长和血液学指标

二、饲料原料

配合饲料需要选择适宜的饲料原料，将其按满足鳖营养需求的比例进行组合，并将这些原料组合物加工成可实际使用的形状。在鳖的配合饲料中，常用的原料有鱼粉、血粉、豆粕、酵母粉、α-淀粉等。鳖对动物性蛋白的消化率大多在85%以上，对植物性蛋白质利用率稍低。鳖对植物蛋白有一定的耐受，含量在15%以内鳖正常摄食，超过15%生长将会受阻。鳖饲料中的蛋白源应以动物性蛋白为主，其与植物性蛋白的适宜比例在

（3～6）：1。

　　鱼粉是鳖饲料中的主要蛋白源。它不仅适口性好、粗蛋白含量高（通常＞60%）、氨基酸比例与水产动物所需的最为接近，还富含维生素、矿物质、必需脂肪酸等鳖生长繁育所需的成分。鱼粉主要分为白鱼粉和红鱼粉。白鱼粉主要由鳕鱼、蝶鱼等白肉鱼种的全鱼或下脚料加工制成，新鲜度高，是目前最高档的饲料原料。白鱼粉主要来源于美国、俄罗斯、波兰等国（图5-5）。红鱼粉主要以沙丁鱼、凤尾鱼等红色鱼肉鱼类为原料制成，颜色较深，含脂量和挥发性盐基氮含量相对偏高（图5-6）。红鱼粉主要来源于秘鲁、智利两国。

图5-5　白鱼粉

　　血粉是屠宰牲畜时所得血液经特殊加工工艺制成的产品，根据加工工艺不同可大致分为血粉、血浆粉和血球粉（图5-7、图5-8）。血粉中的粗蛋白含量可达90%以上，还含有钙、磷、铁等矿物质，以及免疫球蛋白等物质。血粉营养物质的利用率

图5-6 红鱼粉

受加工工艺的影响，喷雾干燥法和发酵法优于普通干燥法。血粉对鳖的生长发育、繁殖及抗病方面均有较好的效果。但因适口性稍差、氨基酸比例失调、饲料颜色深等问题，添加量以不超过5%为宜。

图5-7 血粉

图5-8 血球粉

酵母粉是将食品发酵生产过程中产生的废弃酵母或培养的酵母经干燥获得的产品，粗蛋白含量可达50%以上，尤其赖氨酸和色氨酸含量高于一般植物原料。同时，酵母中还含有大量的B族维生素和糖类等营养成分，还产生酶、促生长物质等多种活性因子，可改善饲料的利用效果（图5-9）。另外，酵母的特殊香味对鳖也有诱食作用。

图5-9 啤酒酵母

图说高效养鳖技术（全彩升级版）

豆粕是大豆提取油后的残渣经适当热处理与干燥后得到的一种副产品，是水产动物饲料中最常用的植物蛋白原料（图5-10）。豆粕的粗蛋白含量约43%，赖氨酸含量约2.5%，蛋氨酸含量约0.5%。豆粕中含有抗营养因子如抗胰蛋白酶因子、植物凝聚素、皂苷、非淀粉多糖等成分，饲料中添加过多会造成鳖出现肠炎等问题。

图5-10 豆粕

全脂膨化大豆是全脂大豆经清理、破碎（磨碎）、高温膨化处理获得的产品，具有高蛋白、高脂肪、高消化率的优点（图5-11）。全脂膨化大豆油脂稳定，不易发生酸败，适口性好，经过高温处理后去除了部分大豆的抗营养因子，营养价值优于普通豆粕，可以替代更多的动物蛋白。

玉米蛋白粉是以玉米为原料，生产淀粉或酿酒工业提醇后的副产品（图5-12）。蛋白质含量可达60%以上，蛋氨酸含量很高，但赖氨酸和色氨酸含量较少。玉米蛋白粉具有特殊的香味，且抗营养因子含量少。因玉米含丰富的类胡萝卜素，长期添加可使鳖的体表颜色变黄。

图5-11 全脂膨化大豆

图5-12 玉米蛋白粉

α-淀粉通常称预糊化淀粉，是以天然淀粉为原料，经高温处理得到的多孔状的、无明显结晶现象的淀粉颗粒（图5-13）。α-淀粉是鳖配合饲料较理想的黏结剂，一般在粉状饲料中添加20%左右。α-淀粉能在冷水中迅速糊化，黏结力强，黏弹性好，在饲料中使用可以增强配合饲料的黏性，降低饲料在水中的溶失率。

图5-13 α-淀粉

水生动物饲料中常见的原料还有鸡肉粉（图5-14）、肉骨粉（图5-15）、羽毛粉（图5-16）、花生粕（图5-17）、棉粕

图5-14 鸡肉粉

（图5-18）、菜粕（图5-19）等，但有些原料在鳖饲料中不常用，或用量很少。

图5-15 肉骨粉

图5-16 羽毛粉

图5-17 花生粕

图5-18 棉粕

图5-19　菜粕

三、鳖的配合饲料参考配方

鳖的配合饲料配方是根据不同生长阶段营养所需和饲料原料的各种特性合理组成的有机结合。在设计配方时，既要考虑各种营养物质的含量，还需考虑各种营养的全价性和综合平衡性，鳖参考饲料配方见表5-4。我国现行的有关中华鳖配合饲料的标准有2部，分别是GB/T 32140—2015《中华鳖配合饲料》和SC/T 1047—2001《中华鳖配合饲料》。其中，GB/T 32140—2015有关中华鳖配合饲料的产品成分分析保证值见表5-5和表5-6。

表5-4　鳖参考饲料配方　　　　　单位：g/kg

原料	稚鳖	幼鳖	成鳖	亲鳖
白鱼粉	400	300	280	350
红鱼粉	105	130	110	155
血粉	30	40	40	30

原料	稚鳖	幼鳖	成鳖	亲鳖
啤酒酵母	30	30	30	30
豆粕	50	60	70	60
膨化大豆	50	70	70	60
玉米蛋白粉	30	30	50	30
α-淀粉	200	235	245	220
石粉	15	15	15	15
膨润土	20	20	20	20
预混料	50	50	50	50
磷酸二氢钙	15	15	15	15
50%氯化胆碱	5	5	5	5

表5-5　鳖粉状配合饲料产品成分分析保证值　　单位：%

项目	稚鳖	幼鳖	成鳖	亲鳖
粗蛋白≥	42.0	40.0	38.0	41.0
赖氨酸≥	2.3	2.1	2.0	2.1
粗脂肪≥	4.0		5.0	
粗纤维≤	3.0		5.0	
粗灰分≤	17.0		18.0	
钙	2.0～5.0			3.0～6.0
总磷	1.0～3.0			1.2～3.0
水分≤	10.0			

注：数据来源于GB/T 32140—2015。表中，稚鳖体重＜150.0g，幼鳖体重150.0～400.0g，成鳖体重＞400.0g，亲鳖体重＞500.0g。

表5-6　鳖膨化配合饲料产品成分分析保证值　单位：%

项目	稚鳖	幼鳖	成鳖	亲鳖
粗蛋白≥	43.0	41.0	39.0	42.0
赖氨酸≥	2.3	2.2	2.1	2.2
粗脂肪≥	5.0		6.0	
粗纤维≤	4.0		5.0	
粗灰分≤	17.0		18.0	
钙	2.0～5.0			3.0～6.0
总磷	1.0～3.0			1.2～3.0
水分≤	10.0			

注：数据来源于GB/T 32140—2015。表中，稚鳖体重＜150.0g，幼鳖体重150.0～400.0g，成鳖体重＞400.0g，亲鳖体重＞500.0g。

四、鳖的配合饲料及使用方法

目前，我国养殖业者多使用的是鳖粉状配合饲料。粉状饲料需要加工成型后才能投喂，但因鳖采食较慢，天热时容易腐败，另外可溶的营养物也易对水体造成污染，因此，通过膨化工艺生产鳖的膨化饲料越来越受到业界的重视。

（一）粉状配合饲料

粉状配合饲料是基于鳖的营养要求，按饲料配方将各种固体原料混合后，再用粉碎机将原料粉碎至通过60～100目筛网，装包销售（图5-20）。投喂鳖之前，添加一定比例的水分、油脂和添加剂后，再根据鳖的大小制成不同粒径规格的饲料，可手工制作成团块，或用制粒机制成软颗粒饲料，再根据"四定"原则投喂（图5-21）。粉状饲料的优点是在投喂前可根据需要添加各种所需的物质。

图说高效养鳖技术（全彩升级版）

图5-20　粉状饲料

图5-21　制粒

（二）膨化饲料

膨化饲料通常指浮性饲料（图5-22）。在生产中，膨化饲料是利用机器对已混合均匀的粉状配合饲料进行挤压，并配合升温，在出模孔时由于突然离开机器，温度和压力骤降，饲料体积膨大，内部形成多孔空腔而成。膨化饲料具有利用率高、溶失率小、投喂操作简单等特点。另外，高温也能有效杀菌、降低饲料中有害物质的活性。但对鳖而言，膨化饲料的适口性稍差。

图5-22　膨化饲料

图说高效养鳖技术（全彩升级版）

第六章

鳖的高效健康养殖模式

鳖养殖在我国有着悠久的历史，地域和环境的不同导致养殖模式存在差异，形成了多种高效健康养殖模式，即池塘精养模式、温室养殖模式、稻鳖综合种养模式以及池塘生态健康养殖模式。

第一节 鳖池塘精养模式

池塘精养模式是在传统鳖池塘养殖模式的基础上，通过科学管理和技术手段，实现对鳖的精细养殖。相比传统模式，池塘精养模式具有产品优质、技术先进以及可持续发展等特点。饲料管理、水质管理、病害防治等措施可为鳖提供适宜的生长环境，保证养殖过程的稳定性和安全性。池塘精养模式可提高养殖效益、保证产品质量、降低环境风险（图6-1、图6-2）。

一、池塘准备

池塘需将进排水系统分开，保证水源充足、水质良好，并在进排水口处加装防逃设施（图6-3）。保持池底淤泥厚度为20cm左右，壤土底质最佳，冬季晒塘至少1个月（图6-4）。放养前1个月，用生石灰清塘消毒，每亩用量为75～100kg。放养前15天左右进行培水，使养殖水质达到最佳状态。

图6-1　土池塘

图6-2　水泥池塘

图6-3　池塘防逃设施建设

图6-4　池塘晒塘

二、养殖设施

（一）防逃设施

池塘建设采用砖混结构，池塘基脚向池底延长30～40cm，池壁采取垂直建设，高1.5～2.0m，池壁顶部向内出檐10～20cm。土池应配备围墙，防止鳖逃逸，围墙离池边1～2m，高1.0～1.2m，墙基向下延长20cm，墙顶向内出檐10～20cm。还可采用木板、铁网作为防逃设施（图6-5、图6-6）。

（二）食台与晒背台

食台可采用木板、竹帘、水泥板等材料，食台大小为2m²左右。食台在每次投饵前需要清洗1次，每2天彻底清洗1次，食台上不能留有残饵，每7天用10mg/L的高锰酸钾溶液消毒1次。晒背台可采用拱形竹条、尼龙钢板，大小为5～10m²。

图6-5 木板防逃设施

图说高效养鳖技术（全彩升级版）

图6-6 铁网防逃设施

三、鳖种选择和放养

（一）鳖种选择

鳖种选择150g以上的幼鳖，来源于国家级、省级原良种场或苗种场。选种要求规格整齐、身体圆润、裙边坚硬有弹性、无病无伤、无畸形、攻击性强且逃跑意识强烈。

（二）鳖种放养

（1）放养时间　一般在4～6月份，冷水苗放养水温需稳定在20℃以上，温室苗放养水温需稳定在26℃以上，选择晴天无风的天气进行放养。

（2）放养规格　规格为150～300g/只，放养密度为3～5只/m²；规格为300～400g/只，放养密度为2～3只/m²（表6-1）。

表6-1　鳖种放养规格

放养规格/（g/只）	放养密度/（只/m²）	饲养时间/月	预计体重/g
150～200	5	4～6	400
200～250	3～4	4～6	450
250～300	3	4～6	500
300～400	2～3	4～6	800

（3）消毒与放养　放养前，用3%的食盐水或5～10mg/L的高锰酸钾溶液浸泡15min。放养时按照大小分开养殖的原则，将消毒后的鳖种放入池塘。

四、鱼类套养

以鳖类养殖为主，搭配鱼类进行套养。根据池塘条件，可搭配鲢、鳙等滤食性鱼类，可改善池塘水质，为鳖提供适宜的生存环境（表6-2）。

表6-2　鱼类套养规格

鱼类种类	放养密度/（尾/亩）	放养规格/（g/尾）
鲢	250～300	200～250
鳙	50～80	300～400

五、饲养管理

（一）饲料

规模化养殖选用商品配合饲料（图6-7、图6-8），为使营养更为全面，可在商品配合饲料中添加1%～3%的植物油和1～2种蔬菜汁，有助于减少疾病发生。

图说高效养鳖技术（全彩升级版）

100

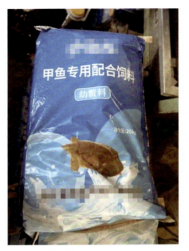

图6-7　稚鳖用饲料　　　　　　图6-8　甲鱼专用配合饲料

（二）科学投喂

1. 投喂量

投喂量与鳖种规格和水温密切相关。

当4月之后水温上升到20℃以上时，投饵量为总养殖重量的0.1%～1%，每日投喂1次。

5月随着温度升高，投饵量可以增加到2%，并适当补充一些动物性饵料，每日投喂2次。

6～9月为黄金生长期，投饵量为2%～3%，除投喂配合饲料外，还要增加动物性饵料和青饲料，投喂量要充足，营养要全面，每日投喂2次。

10～11月投喂量应改为0.5%～1%，提高高蛋白和高脂肪饲料比例，增强鳖的体质，使鳖顺利越冬，每日投喂1次。

2. 喂养方式

投饵遵循"四定"原则，按照"四看"方法，灵活掌握投饵量，做到让鳖吃饱、吃好，同时避免暴食和剩食。投饵应错开高温时间段，避免高水温影响鳖的进食和阳光过强导致饲料干燥，同时注意保持周围环境安静，避免影响鳖的进食。

六、水质管理

生长季节要保持水体透明度在20～40cm。透明度过大，会导致鳖相互打斗、撕咬，引起伤口感染。漂浮性植物如水葫芦、浮萍等可为鳖提供庇护和休息，减少鳖之间的争斗，改善水质，占水面面积的1/6～1/5。

定期对水质进行监测（图6-9～图6-11），根据监测结果决定换水频率。一般4～5月份，每15天换水1次；6～9月份，每10天换水1次；10～11月份，每月换水1次。池塘每20天用10mg/L的生石灰水全池泼洒1次。

图6-9　进水压力罐

图说高效养鳖技术（全程升级版）

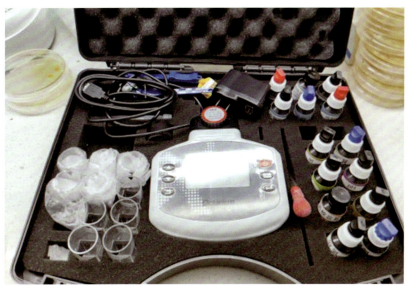

图6-10 水质监测设备

图6-11 水质监测样品

七、日常管理

（一）巡塘

每天早、中、晚各巡塘 1 次，注意观察水色变化，发现问题及时加水、换水或消毒。同时，观察鳖的进食、活动以及晒背情况，特别是晒背时间过长、久晒不愿意下水的鳖要注意是否染病，如有此类鳖，要及时将其隔离处理（图6-12）。

图6-12　打捞病鳖

（二）清理食台

鳖饲料为高蛋白饲料，极易腐烂变质，投喂饲料前，需用扫帚清洗食台，保证饵料质量。残饵不宜直接冲洗，应移除，以免影响水质。高温季节，每 3 天用 10mg/L 的漂白粉消毒 1 次，其他时间，每星期消毒 1 次。

图说高效养鳖技术（全彩升级版）

（三）清理杂物

定时清理杂物，如水中和池边腐烂的水草，以防带入病害，影响水质。

（四）防止逃逸

定期检查进排水口、池壁、防逃设施等，防止鳖逃逸。

（五）做好日志

日志用于记录每年鳖养殖过程及其他相关情况。如果发生养殖事故，可用于分析原因，总结经验，为将来的养殖提供帮助。

（六）病害预防

病害预防方式有生态预防、生物预防和药物预防三种。生态预防应保证鳖适宜的生存环境，同时做好水质监测和调控；生物预防应合理搭配鱼类套养，改善水体水质，利用生物絮团、微生物制剂等调节水质；药物预防应定期消毒，并在放养前对鳖进行体外消毒。消毒可以使用漂白粉、高锰酸钾、石灰水三种中的任何一种，具体浓度按照使用说明即可（图6-13、图6-14）。

（七）越冬管理

鳖停食前，增加高蛋白、高脂肪饵料比例，减少粗饲料比例，加强营养，以增加鳖抵御严冬的能力。越冬场所的泥沙要经过晾晒，与生石灰混合后铺填到池底，可以减少越冬期间的病害。另外，应加深鳖越冬池的水位，可以有效防止冰冻。严防老鼠、黄鼠狼等动物对鳖的侵害。

图6-13　高锰酸钾消毒

图6-14　漂白粉

（八）捕捞

捕捞应选择在天气适宜时进行，提前降低池塘水位至0.8m以下，以便捕捞（图6-15）。

图6-15 池塘捕捞

第二节 鳖温室养殖模式

温室养殖模式是一种集约化、规模化、高投入、高风险的养殖模式，具有养殖密度高、投饵集中、水质易污染和病害多等特点，打破了鳖的冬眠习性，提供鳖生长需要的最佳水温，进行恒温养殖，使鳖以最快的生长速度生长，可以降低生产成本、缩短养殖周期，对提高鳖类养殖产量具有重要的作用。温室养殖技术经过不断改进和创新，采用空气加温系统，单层养殖池，半圆形屋顶，油毛毡加泡沫板的封顶结构（图6-16）。这种模式投资少、耗能小、造价低，市场竞争力强，在全国范围内均有推广应用。

图6-16　温室

一、鳖池消毒

生产中多使用100～150mg/L生石灰、10～20mg/L漂白粉或3～5mg/L强氯精对温室养殖池进行消毒，消毒后，需要将水池中的水全部更换为新水，以备养殖使用（图6-17）。

新建水泥池含有强碱性物质，对鳖有刺激性，会使鳖的皮肤及口眼黏膜糜烂或引发炎症，需先进行脱碱措施后再消毒。常用的脱碱方法有：使用1g/L过磷酸钙浸泡鳖池1～2

天；使用10%的冰醋酸刷洗水泥表面，然后注满水浸泡数日，也可直接用清水浸泡1～2周去除碱性，浸泡过程中需要反复更换水。

图6-17　温室鳖池消毒

二、鳖苗选择和放养

（一）鳖苗选择

应选择适合本地养殖条件、抗逆性强、发病率低、健壮有力、无病无伤和种质优良的鳖苗品种。中华鳖适宜全国各地养殖，有六个主要的养殖品系，如黄河鳖、洞庭湖鳖、太湖鳖等。

（二）鳖苗消毒

为保证鳖苗的健康养殖，放养前必须进行体表消毒。将鳖苗置于塑料盘中，用3%的盐水浸浴7～8min，或用10mg/L的高锰酸钾溶液浸泡15min。浸泡过程中，应确保鳖苗的背部完全浸没在溶液中。

（三）合理放养

（1）放养密度　放养前对鳖苗（图6-18）的数量进行统计，同一时期的稚鳖放养密度为40～100只/m^2，具体情况视养殖技术而定。

图6-18　中华鳖稚鳖

（2）饵料投喂　投喂稚鳖饵料可添加10%～15%鲜活水蚤或鸡蛋黄，可促进稚鳖早开食、早适应、早生长。投喂统一采用水下投喂，并坚持"四定"原则，一般日投饵两次，并根据水温、水质、用药和摄食情况等因素及时调整投喂量和投喂时间。日投饵量为稚鳖体重的2%～3%；随着稚鳖体重的增加，日投饵量逐步降低，最终控制在体重的1%。进食30min后应及时清理食台残饵，避免影响水质。

（3）放养条件　放养稚鳖时，应选择晴天转池，放养时注意水体温差不宜超过3℃，动作轻快，避免稚鳖之间撕咬，从而造成损伤（图6-19）。

图6-19　温室稚鳖放养

三、水质控制

水质调节是温室养殖过程中至关重要的环节，直接影响鳖的产量。温室养殖通风条件差，换水量少，池水易富营养化，影响鳖的正常生长。养殖用水水质要求必须符合《渔业水质标准》（GB 11607—1989）。稚鳖培育阶段，水体透明度保持在20～30cm，透明度高容易引起鳖互相撕咬，透明度低易导致水体老化和变质。

（一）科学投喂

控制饲料的种类和数量，选购质量上乘、配比科学、营养

均衡的饲料，投喂量根据鳖的需求进行调节，避免过度投喂和
劣质饲料造成水质污染（图6-20～图6-22）。饲料质量和数量
应根据鳖的体重、生长阶段和温度等因素进行实时调节，以确
保鳖获得适量而均衡的营养，促进其健康生长。

图6-20 稚鳖饲料

图6-21 饲料分配

图说高效养鳖技术（全彩升级版）

图6-22 温室饲料投喂

（二）水质培肥

水体中的微生物可转化水中的有机物，防止氨氮、亚硝酸盐、硫化氢等有害物质产生。肥水下池可减轻鳖的应激反应，使鳖感到更加安全，减少相互争斗。

阳光大棚肥水多通过培养优良的浮游植物。养殖水体呈绿色或棕绿色，透明度在20～35cm，pH值为7.0～8.5，溶解氧在4mg/L以上。暗温室肥水后，养殖水体呈淡棕色，透明度在20～30cm，pH值为7.0～8.5。暗温室可培养优良的微生物，形成有益的微生物菌群，从而达到肥水的目的。

采光温室多采用化肥或有机肥培水，肥料应充分发酵熟化后施用，在鳖苗放养前施放（图6-23）。施肥量根据池水的透明度来决定，当透明度大于50cm时，每亩施50～75kg有机肥，也可施放尿素3～4kg和过磷酸钙4～5kg。

图6-23　生物肥水膏

（三）水质调节

1. 定期排放水

温室养殖阶段，定期换水和排污，每次换水量控制在30%左右（图6-24～图6-26）。注入水体与养殖水体温差不宜过大，避免对鳖造成不利影响。水中可加入活性炭等水质调节剂，提高水质的稳定性。

图6-24　温室池塘进水口

图6-25 温室池塘排水口

图6-26 水泵智能控制器

2. 生物絮团

"生物絮团"技术是在养殖水体氨氮含量高时，通过人为添加碳源，来调节水体碳氮比，从而促进水体中异养细菌大量繁殖，利用细菌同化水体中的无机氮，将水体中氨氮等有害氮源转化成菌体蛋白，并通过细菌将水体中的藻类、原生动物、轮虫及有机质絮凝成颗粒物质，形成"生物絮团"。可通过添加生物絮团培养剂（图6-27）形成"生物絮团"。这些"生物絮团"可以被养殖动物摄食，从而调控水质，促进营养物质循环利用，提高养殖成活率。

通过该项技术可有效降低温室养殖池亚硝酸盐浓度，并将养殖池中氨氮、亚硝态氮等有害氮源转化为可食的菌体蛋白，改善水质，提高饲料利用率。该技术在养殖过程中可实现零换水或少换水、预防病害、零用药或少用药的效果，进而达到节水、减排、高效、健康养殖的目的。

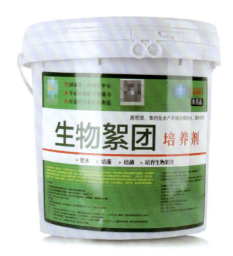

图6-27　生物絮团培养剂

3. 微生态制剂

微生态制剂是指由一系列对宿主有益的微生物组成的一种

复合生物制品，能够增强宿主的免疫力，促进代谢和营养物质的吸收利用（图6-28）。微生态制剂中含有多种生长因子、活性代谢产物和益生菌，能促进鳖的生长发育，增加其体重和产量，降解水中有机物质和氨氮等对鳖有害的物质，减少水体中的污染物质含量，提高水质，增强鳖的免疫力。

图6-28　乳酸菌原液

（四）温度控制

1. 加热设施

空气能采暖热泵、水源热泵、太阳能加热系统等可使养殖水体水温保持在28～32℃，以保证鳖全年生长（图6-29）。

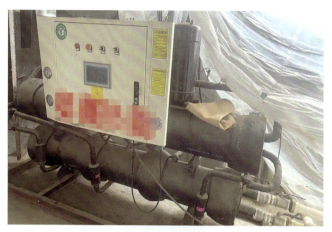

图6-29　加热设施

2. 设置蓄水池

为确保温室养殖水体恒定，可在温室内设置蓄水池（图6-30）。蓄水池的水体使用前需用10mg/L漂白粉或3mg/L强氯精消毒，利用加热设施调温后注入养殖池中。

图6-30　温室蓄水池

3. 温度实时监控系统

在温室内安装温度、湿度等一体化实时监控系统，能够实时观测温室内各项指标的变化，并进行记录，及时对养殖环境进行调整（图6-31）。

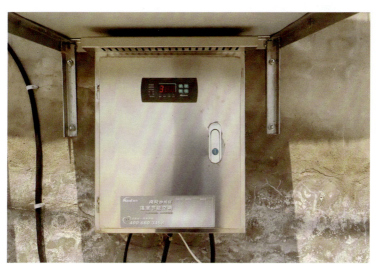

图6-31 温室节能空调温度检测器

（五）其他环境因子

溶解氧和pH与水质情况密切相关，硫化物、氨等有害物质多在缺氧条件或者酸性环境下产生，溶解氧和pH异常可直接影响养殖水体质量，因此需定期进行水质检测（图6-32）。溶解氧可通过排污、增氧以及控制耗氧生物数量等方式调节，酸性环境可利用适量生石灰水进行中和调节。

养殖水体溶解氧在4mg/L以上，盐度不超过5%，非离子氨小于0.02mg/L，硝酸盐小于0.05mg/L，总碱度和总硬度保持在1～3mg/L。

图6-32　水质检测

四、疾病防治

　　工厂化高密度养殖中，由于鳖生性好斗，爱撕咬，容易造成身体受伤、破损，导致病原菌感染而发生病害，如白点病、腐皮病、疖疮病等。定期泼洒EM菌等微生态制剂，培养有益微生物种群，以分解残饵和粪便，同时抑制病原菌繁殖；还可以适时泼洒生石灰、氯制剂、碘制剂等消毒制剂杀灭病原菌。

　　疾病防治应注重以下四个方面：①加强氧气供应。小规模养殖，使用滴水的方法进行加氧；大规模养殖，利用氧气泵提升水体中含氧量。②优化水体。水体质量是影响鳖健康的重要因素，定期对水体进行优化，如放养绿藻、定期喷洒益生菌等。③定期改善底质。底质的优劣会影响水质环境，要定期使用化学、物理或者生物手段对底部环境进行优化，改善底质环境。④科学喂养。选用配比科学、营养均衡的饲料，增强鳖抵抗力，确保鳖正常健康生长。

五、其他管理措施

（一）养殖环境管理

鳖喜欢安静、干净、通风好、光照充足的环境，养殖环境需定期清理消毒，避免病原菌和细菌的滋生。养殖设施如水槽、食台等应避免使用刺激性的清洁剂或化学药剂，以免残留物质对鳖造成影响。

（二）生长监测

定期观察和记录鳖的生长和健康情况，如体重、食欲、活力等，及时发现异常情况并采取相应措施。监测并记录水质、投喂量以及病鳖数等，根据监测结果进行调整和优化养殖管理措施。

第三节　稻鳖综合种养模式

稻鳖综合种养模式是将水稻种植与鳖养殖结合的一种养殖方式。鳖能摄食水稻病虫，而水稻又能将鳖的残饵及排泄物作为肥料吸收，不仅显著减少了水稻的病虫害，提高了水稻产量，还改善了养殖环境，提升了鳖的品质。实行稻鳖综合种养可减少使用甚至完全不使用除草剂、农药和化肥等，降低了农业生产的面源污染，有效地节约了稻田资源的投入。稻鳖综合种养模式为市场供给了高质量的大米和水产品，提高了综合效益，具有显著的经济效益和生态效益（图6-33～图6-35）。

图6-33　稻鳖综合种养宣传标语

图6-34　稻鳖综合种养示范基地

图说高效养鳖技术〔全彩升级版〕

图6-35 稻鳖养殖

一、稻田选择

（一）环境条件

稻田应选择环境相对安静、光照充足的区域，周边水、电、道路以及通信等设施完备。

（二）面积

10 ～ 50亩稻田面积作为稻鳖综合种养的单个养殖单元，最好连片分布，有利于机械化操作和节省人力物力。

（三）水质

稻鳖综合种养需保证水位适宜，防止鳖逃逸，水质符合《渔业水质标准》（GB 11607—1989），水源周边无农药、重金属以及其他工业污染源。

（四）土质

土质以保水性高的黏壤土为佳，砂壤土次之，中性偏碱性土壤比酸性土壤更适合。

二、稻田工程

按照稻鳖综合种养的要求对原有稻田进行改造和建设，包括田埂、沟坑、进排水系统、防逃设施等，使稻田环境更适用于稻鳖综合种养。

（一）田埂

田埂一般高出田面0.6～0.8m，保持稻田水位达到0.4～0.5m，埂面宽度为2.5～4.0m，池堤坡度比为1∶(1.0～1.5)。田埂内侧宜用水泥板、砖混墙或塑料地膜等进行护坡，防止因鳖的打洞、爬行等活动而受损或倒塌。

（二）沟坑

稻田内沟坑的面积控制在10%以内，布局根据稻田的田块大小、形状和养殖品种等具体情况而定。环沟或条沟适合鳖与其他品种的混养，环沟一般宽度为3～5m，条沟一般宽度为5～10m，深度均为1.0～1.2m（图6-36、图6-37）。

（三）进排水系统

进、排水管道常用的有水泥预制或PVC管道，直径20～40cm。进水口与排水口成对角设置，进水口建在田埂上，排水口在沟的最低处，由PVC弯管控制水位，以确保能排水排污（图6-38）。进、排水口处设置聚乙烯网片或金属网用于防逃。

（四）防逃设施

防逃设施由砖混墙体、铁皮、塑料板、密网等材料围成，

图说高效养鳖技术（全彩升级版）

高于地面60～70cm，埋入地下深15～20cm。设施要求内侧光滑，四角处围成弧形，隔一段距离可设置一根木棍、竹桩或镀锌管进行加固（图6-39、图6-40）。

图6-36　稻鳖池环沟

图6-37　稻鳖池条沟

图6-38 排水

图6-39 稻田网状防逃设施

图说高效养鳖技术（全彩升级版）

图6-40　稻田板状防逃设施

（五）监测系统

在田块四周、沟坑上方安装实时监控系统，用于管理日常养殖活动。在养殖区域进、排水处安装水质监测系统，监测水质情况。

三、水稻种植

（一）品种的选择

水稻品种的选择与种植区的地理位置、自然条件以及种植方式等密切相关，稻鳖综合种养的稻田对水稻品种的选择有以下要求。

1. 株型紧凑、穗型大、分蘖能力较强

沟坑占用了不超过10%的种植面积，会对水稻产量产生一定的影响。选择株型紧凑、穗型大、分蘖能力较强的水稻品种，有利于提高水稻的有效穗数，增加水稻的产量。

2. 耐肥

稻田由于残饵分解以及鳖排泄物的累积，土壤肥力较高，因此应选择耐肥的水稻品种。

3. 抗病虫害能力强

水稻发生病虫害时用药可能会对鳖产生毒害作用，所以会少用药甚至不用药，因此应选择抗病虫害能力较强的水稻品种。

4. 耐湿抗倒伏

稻田的水位相比普通稻田要高，长期的高水位容易引起水稻生长后期倒伏，因此应选择耐湿抗倒伏的水稻品种。

5. 生育期较长

选择生育期长的水稻品种，可延长稻鳖共作时间，米质相对较好，可大幅提升稻鳖综合种养的经济效益。在生产实践中，建议选择收获期在10月底或11月上旬的中晚熟水稻品种。

（二）移栽前准备

水稻收割后及时翻犁，翻埋水稻秸秆，水稻移栽前再次犁耙，平整田面。以有机肥、氮磷钾肥等作为底肥，犁耙时，每亩施用有机肥1500～2000kg、尿素15～18kg和钾肥8～10kg作为底肥。

（三）秧苗移栽

秧苗移栽主要有人工插秧和机械插秧两种方法。机械插秧速度快、成本低，宜作为第一选择。稻田一般每亩种植0.8万～1.4万穴，每穴2～3株基本苗。机械插秧深度2cm，手工插秧深度一般在1.0～1.5cm。机械插秧的秧龄一般为15～18天，手工插秧的秧龄一般为20～25天。沟坑周边适当密植，充分利用水稻的边际效应，保障水稻生产（图6-41）。

图6-41　稻田

（四）水稻管理

水稻管理包括返青期、分蘖期、拔节孕穗期和抽穗结实期四个阶段。

1. 返青期

返青期的主要任务是保持合理的水位，做到浅水促分蘖。对于插秧的秧苗，在水稻移栽初期阶段，水位要适当浅一些，以浅水勤灌为主，田间水层一般不超过4cm，以利于提高稻田中的温度，增加氧气，使秧苗的基部光照充足，有助于加快秧苗返青。

2. 分蘖期

分蘖期的主要任务是促进水稻早分蘖，多分蘖。通常在移栽后5～7天进行施肥，每亩施尿素10kg、复合有机肥20～30kg，以促进水稻有效分蘖。对于肥力较好的稻田可以根据实际情况少施或者不施。

3. 拔节孕穗期

拔节孕穗期的主要任务包括穗肥施加和水位管理。拔节孕穗期是水稻营养需求的高峰期，可以根据土壤实际肥力来决定施肥量，每亩施尿素3～4kg。高温期间水分蒸发量大，水稻需水量也大，水位控制在15～20cm。

4. 抽穗结实期

抽穗结实期的主要任务是水分管理。该阶段是谷粒生长期，也是水稻结实率和粒重的决定期。此时水稻需要充足的水分，但长时间高水位又会导致土壤氧气不足，水稻根系活力下降，因此该阶段灌溉应做到干湿交替。发现土壤肥力不足则需要及时补肥。

（五）水稻病虫害防控

水稻主要病害有稻瘟病、纹枯病和稻曲病等；主要虫害有稻纵卷叶螟、二化螟和稻飞虱等。

鳖能摄食稻田中的害虫，减少水稻损伤，但由于鳖的存在，水稻的病虫害防治不能喷洒药物。因此，在水稻病虫害防治上，坚持"预防为主，综合防治"的工作方针，种植抗病虫品种，采取以健壮栽培为基础，药剂保护为辅的综合防治措施。在不得不使用农药时，要尽量选用生物农药如Bt乳剂、杀螟杆菌、井冈霉素等，以减少对鳖的损害。

四、稻鳖养殖

（一）鳖品种选择

优先选用国家审定、具有水产苗种生产经营许可证的企业生产、检疫合格的养殖品种。适合稻鳖综合种养的品种有日本品系中华鳖、中华鳖"浙新花鳖"、中华鳖"珠水1号"、中华鳖"长淮1号"等。在进行稻鳖综合种养时要根据品种特点、当地环境条件以及市场销售情况选择合适的品种。

（二）放养前的稻田准备

稻田中的天然饵料不能完全满足鳖的需要，需在稻田中设置饵料台，用于投喂配合饲料（图6-42）。饵料台一般用水泥板、木板、彩钢板或水泥瓦等材料制成，设置在沟、坑的周边。饵料台设置成倾斜状，倾斜15°～20°，约1/3倾斜台面淹没于水中，2/3露出水面，将饲料投喂在稍高于水面的饵料台上。饵料台的长度和宽度与坑大小、饵料台数量有关。一个坑宜设置一个长为3～5m、宽为1～2m的饵料台。鳖种投放前，还需要对稻田进行消毒，用生石灰（100千克/亩）化浆后全田泼洒。

图6-42　饵料台

（三）鳖种投放

鳖种投放密度根据田间工程建设标准和养殖技术水平等情况而定，鳖种符合无病、无伤、体表光滑、裙边坚挺等要求。400～500g大规格鳖种（图6-43），每亩放养200～300只，100～200g小规格鳖种，每亩放养300～500只。鳖种放养后，需经1～2年才能达到商品鳖规格。

图6-43　大规格鳖种

鳖种放养时应选择在水温20℃以上的晴天进行，放养水温温差不应超过3℃。稻田、池塘培育的鳖种一般在4月中下旬放养，保温大棚、温室培育的鳖种在5月中旬放养。在放养时，如果水稻还未插秧或未返青，可以先将鳖放入沟坑中，待水稻插秧返青后再放入稻田中。如果插秧的水稻已经返青，可以直接将鳖放入稻田中。

（四）饲料投喂

水温在28～35℃时，大规格鳖种的日投喂率为1%～2%，小规格鳖种的日投喂率为1%～3%，每日投喂两次。水温低于22℃时应停止投喂。

图说高效养鳖技术（全彩升级版）

（五）日常管理

加强防逃设施维护，防止鳖逃逸。定期检查鳖的生长与摄食情况，及时调整投喂量。插秧后，前期以浅水勤灌为主，田间水层不宜超过4cm；孕穗阶段保持10～20cm水层，同时采用灌水、排水相间的方法控制水位。根据水稻种植的实际情况，在不影响水稻生长的情况下，尽量提高稻田的水位，以促进鳖的生长。做好饲料投喂、水质调节、抽样检查以及病害防控等情况的记录。

（六）病害防治

在稻鳖综合种养模式中，由于鳖的养殖密度大幅降低，稻和鳖之间的共生互利，鳖病的发生会显著减少。在鳖种放养初期，由于未适应环境等因素，鳖的免疫力可能会降低，容易引发疾病，需要引起重视。

（七）鳖的捕捞

水稻收割前，田里水位下降，鳖开始进入沟坑，沟坑四周设置一道拦网，拦网向沟坑内倾斜，使鳖爬入沟坑中后不能再进入稻田，以便集中捕获（图6-44）。捕获的鳖先冲洗干净，再把伤残的鳖剔除，最后根据体重规格大小进行分类和包装上市。

图6-44　捕捞稻鳖

五、虾-鳖-稻综合种养模式

虾-鳖-稻综合种养模式是指在稻田中养殖中华鳖和小龙虾，利用中华鳖、小龙虾的摄食和频振式杀虫灯综合防控稻田病虫害。中华鳖、小龙虾的田间活动及排泄物可改善水稻生长环境，减少了农药、化肥的使用，提高水稻品质（图6-45）。

图6-45　虾—鳖—稻综合种养池

（一）稻田准备

田间工程参照稻鳖综合种养模式。水稻种植前，应按照每15亩稻田配备一盏频振式杀虫灯或紫外杀虫灯（图6-46、图6-47）。

（二）鳖种投放

参照稻鳖综合种养模式。鳖种投放前应进行消毒处理。

（三）小龙虾放养

3～4月，投放规格为100～300只/kg的幼虾，放养密

图说高效养鳖技术（全彩升级版）

度为20～30kg/亩；8～10月，投放亲虾或抱卵虾，放养密
度为20～30kg/亩。

图6-46 频振式杀虫灯

图6-47 紫外杀虫灯

（四）水稻种植

1. 稻种选择

选择抗病虫害、抗倒伏、耐肥性强、米质优、可深灌、株型适中的中稻品种。

2. 水稻栽插

秧苗栽插时采取宽窄行交替的方法，宽行行距为40cm、窄行行距为20cm，株距均为18cm。栽培以"防倒伏"为主，采用"二控一防技术"，即一控肥，整个生长期严格控制施肥量；二控水，水稻分蘖末期达到80%穗数苗时晒田，使稻根深扎；后期干湿灌溉，防止倒伏。

3. 水位控制

整田至插秧期间保持田面水位5cm左右。插秧15天后开始晒田，晒田时环沟水位低于田面20cm左右，晒田后田面水位加高至20cm左右，收割前的半个月再次晒田，环沟水位再降至低于田面20cm左右，收割后10～15天长出青草后开始灌水，随后草长水涨，直至田面水位达到50～70cm。

4. 晒田

当水稻分蘖末期达到80%穗数苗时开始晒田（图6-48）。总体要求是轻晒或短期晒，田块中间不陷脚，田边表土无裂缝和发白，以见水稻浮根泛白为宜。晒好后，应及时复水。

5. 水稻病害防治

水稻常见病害有稻瘟病、纹枯病、恶苗病和稻曲病等。可以通过培育壮秧、合理密植、科学调控肥水、适时搁田、控制高峰苗等方法来增强水稻的抗性，减少病害的发生。

图6-48 水稻晒田

6. 水稻虫害防治

水稻常见害虫有稻象甲、稻飞虱、稻蓟马和螟虫等。通过加强田间管理，增强水稻抗性，在水稻栽培过程中，使用频振式杀虫灯对趋光性害虫进行诱杀。

7. 稻谷收割

稻谷收割前，将稻田水位快速下降至田面上5～10cm，然后缓慢排水，最后环沟内水位保持在50～70cm，即可收割稻谷（图6-49～图6-52）。

图6-49　稻谷收割

图6-50　稻米收获

图说高效养鳖技术（全彩升级版）

图6-51　稻米收仓

图6-52　稻米

（五）饲料投喂

鳖的投喂可参照稻鳖综合种养模式，小龙虾以稻田内的天然饵料为主，可添加适当配合饲料。投喂量根据天气、水质、水生动物的生长阶段以及摄食情况等因素来灵活掌握。

（六）捕捞

小龙虾一般采用地笼进行捕捞，捕捞时采取捕大留小的方法。鳖种放养前结束捕捞，避免鳖种误入地笼造成损伤或死亡（图6-53）。鳖的捕捞可参照稻鳖综合种养模式。

图6-53　小龙虾捕捞

第四节　鳖池塘生态健康养殖模式

池塘生态健康养鳖技术是一种利用池塘等自然环境，结合人工管理和科学技术手段，以鳖和鱼类为养殖对象的生态养殖模式（图6-54）。这种养殖模式将自然和人工环境融为一体，实现了鳖的生态化养殖，同时也充分发挥了自然环境的作用，降低了养殖成本，提高了鳖的养殖效益。鳖经常在水的底层和上层活动，可促进池塘上下水体的循环，增加水体的氧含量。鳖的残饵及粪便中的氮、磷、钾等含量较高，可肥育水质，为浮游生物繁殖提供养料，被鱼类所利用，转变成鱼肉产品。池塘生态健康养鳖模式有效地利用了不同动物的栖息空间、生活习性和食性的差异，具有很高的经济效益。

池塘生态健康养殖模式中鳖不是主要养殖对象，管理方式以鱼类养殖为主。这种养殖模式有效地利用了池塘的养殖空间，合理地采用生态养殖方式控制了池塘中鱼类病害的蔓延，充分地挖掘天然饵料的利用价值，将其作为鳖的饵料，增加了养殖收益，为人们提供了稀缺的、价值更高的、质量更好的、营养更丰富的食材。

图6-54 鱼鳖混养生态养殖模式

一、池塘生态养殖技术的特点

（一）生态化养殖

池塘生态养殖技术是一种生态化的养殖方式，它将人工和自然环境结合在一起，形成了一个完整的生态系统。这种养殖方式不仅可以提高养殖效益，还可以保护生态环境。

（二）科学管理

科学管理措施如饲料管理、疾病防治、环境控制等，能够有效地提高养殖效益。

（三）降低成本

在不同的水层进行立体综合混养，可以最大限度地利用空间和饵料资源。充分利用自然资源，降低养殖成本。

（四）品质保证

采用科学管理和精细化养殖，能够保证鳖的品质，提高市场竞争力。

二、池塘准备

（一）池塘建设

池塘按照健康养鳖的建设要求进行建设，包括进排水、池塘大小、池塘坡度、池底布置等。除此之外，池塘还要保证水面有1/5的水草面积，如果没有沉水植物，也可以移植一些水花生、水葫芦等净水植物，这些植物不仅可以净化水质，也可作为鳖的栖息和活动场所，同时还会附着生长一些小型软体动物、水生昆虫和小型鱼类等，为鳖提供优质的生物饵料。

（二）池塘消毒

池塘的清塘消毒按照一般的养殖要求进行，建议使用生石灰和漂白粉消毒。

三、养殖设施

（一）防逃设施

防逃设施与鳖的池塘养殖要求一样，可以是砖墙、水泥瓦或其他防逃的材料等，布置方法参照鳖池塘精养模式（图6-55）。

图6-55 布网防逃设施

（二）食台与晒背台

食台和晒背台参照鳖池塘精养模式。

（三）增氧设施

增氧机是主要使用的增氧设施，根据天气情况和生长情况有规律地开启（图6-56）。

图6-56　增氧机

四、鳖种和鱼苗选择与放养

（一）鳖种选择

鳖种选择参照鳖池塘精养模式。

（二）鳖种投放

池塘生态健康养殖模式放养数量根据池塘条件和鳖种规格而定。投放的鳖种一般在500g/只以上，放养密度为200～500只/亩，养殖时间一般在2年以上，具体投放量见表6-3。鳖在放养前，需要进行鳖体消毒，用3%的盐水或10mg/L的高锰酸钾溶液浸泡15min。

表6-3　不同生态套养中每亩池塘鳖的放养密度

沙 土		一般土壤		黄 土		黑 土	
规格/（g/只）	数量/只	规格/（g/只）	数量/只	规格/（g/只）	数量/只	规格/（g/只）	数量/只
300	1000	300	600	300	500	300	600
400	800	400	500	400	400	400	500
500	500	500	400	500	300	500	400

（三）鱼类搭配

鱼鳖混养的养殖鱼类以鲢、鳙为主，鲢和鳙可利用浮游生物，改良水质，为鳖提供更好的生存环境。除鲢、鳙以外，还可搭配草鱼、团头鲂、泥鳅等草食性、杂食性鱼类；也可搭配肉食性或杂食性的鱼类如翘嘴鲌、鳜鱼、黄颡鱼等。青鱼与鳖在食性上存在冲突，不宜混养；大口鲇在饵料缺乏时会捕食鳖，不能混养（图6-57）。

一般放养的规格和密度为：鲢200～250g/尾，放养250～300尾/亩；鳙300～400g/尾，放养50～80尾/亩；黄颡鱼400尾/kg，放养1000～1500尾/亩；银鲫200尾/kg，放养500～800尾/亩。其他鱼类的搭配可以根据经验和池塘情况进行选择。

图6-57 四大家鱼和鳖混养池

五、饲养管理

（一）饲料选择

生态养殖一般只选择鳖的饲料，不额外选择鱼类饲料。鳖的饲料有配合饲料和天然饲料。配合饲料一般不选择膨化饲料，因为池中有一些争食性较强的鱼类，如银鲫、鲤、鲴等，投喂的饲料鳖很难吃到。一般选择粉料加水揉成团后投放在饵料台上。天然饵料包括动物性饵料和植物性饵料，如螺、蛆、蛙、蚯蚓、菜叶、萝卜、南瓜等。

（二）科学投喂

1. 投喂方式

鱼鳖混养采用双重喂养方式，实现"分灶吃饭"。鳖可在食台摄食，落入水中的残饵可被鱼类摄食。食台搭建方法参照池塘精养模式（图6-58）。

图6-58 投饵台

2. 投喂量

投喂量依据前一天饵料吃食情况进行调整。配合饲料控制在池中鳖重量的1%～3%，天然饵料控制在池中鳖重量的10%左右。在池边搭建蚯蚓养殖池，以供鳖觅食，也可收集一些小龙虾、鱼类下脚料等投入池中，作为鳖的饲料补充。

六、池塘管理

池塘生态养殖模式与其他养殖模式不同，需要注意以下几点。

147

（一）放养时间

鱼类放养与鳖的放养时间按照各自的要求进行。鱼类放养时间在春节前后，鳖放养时间在 4 ～ 5 月份。

（二）食性

正常情况下鳖无法捕捉到鱼类，鱼类生病后活动力减弱，鳖能够捕捉到患病比较严重的个体，捕食病鱼不会引发鳖的疾病，还可阻止病菌的传播，起到生态防治的效果。

（三）疾病防控

养殖过程中，鳖一般不会暴发大规模的疾病。如果要进行鱼类疾病防治，可以直接按照鱼类疾病防治的药物、方法和剂量操作，不必考虑对鳖的影响，因为鳖对药物的耐受力要比鱼类强很多，只需及时打捞病鳖、死鳖。

（四）加水和换水

鱼类是池塘的主体，加水换水可以按照鱼类养殖的要求进行，无需考虑对鳖的影响，只要保留晒背台和保持水温即可。

（五）拉网捕捞

一般来讲，在整个养殖过程中，以鲢、鳙为主的成鱼需要在早晨或傍晚时拉网，避免温度过高或过低对鱼体产生损伤，减少对鳖的影响。鳖进入网中，直接将其放回原池即可。

（六）干塘

养殖周期结束后，应进行池塘干塘工作，一般在初冬或翌年三月份进行。如果鳖还没有达到出塘规格，可以继续养殖，不必捕捞，但在干塘后要马上加水，尽量不要清塘。

七、日常管理

（一）巡塘

每天早、中、晚各巡塘 1 次，注意观察水色变化、水质情况以及鳖的进食和活动情况。

（二）水质管理

定期对水质进行检测，以便及时做出应对措施。根据外界环境调节池塘水位，定期进行冲水，每次的换水量不超过总水量的1/3，以防水温温差过大，使鳖产生应激反应。使用内循环微流水生态养殖系统，达到零水体排放，进行集污处理和水生植物的净化，提高水质，增加养殖效益。池塘消毒处理2～3天后，可池内泼洒光合菌制剂，能够有效调节池塘水质，一般每月调水 1 次。

（三）越冬管理

鳖是一种变温动物，对外界环境温度变化非常敏感。当水温低于20℃时，鳖的食欲及活动逐步减弱；水温在15℃左右时，停止进食；当水温在10℃左右时，鳖会潜入泥中进行冬眠。越冬期间应注意以下事项。

1．保证充足的营养

越冬前保证充足的饵料供应，多投喂高蛋白高脂肪的饵料，提高鳖体内的能量储备。当水温升到15℃以上时，应投喂一些新鲜的动物肝脏等高脂肪的能量饲料，诱使鳖早开口吃食，增强体质，减少病害的发生。

2．保证池塘水位

水位应保持在1.0～1.5m，保证鳖处在一个相对恒定的水温环境中。在整个冬眠期，水中溶解氧量应保持3～4mg/L，如果水面结冰，应打孔增氧；若遇到大雪，应及时清除冰面上的积雪，以使光线能透入池内。

3. 保证环境安静

鳖冬眠期，加水时应注意响声不要太大，水流要缓慢，以免惊扰冬眠中的鳖，造成鳖开始活动，从而导致不必要的死亡。

4. 防止水质恶化

养殖期间有水葫芦或浮萍的池塘，在换水前应彻底捞净，以防止其在鳖冬眠期腐烂坏水，造成水质恶化和缺氧。

5. 及时换水消毒

越冬后，当水温升到12℃以上后，应彻底更换池塘水，然后用20mg/L的生石灰溶液洒遍整个池塘，保持50cm的水位，这样可以加快水温升高，有利于鳖提前开口吃食。

（四）捕捞

池塘生态养殖模式中鳖的生长周期较长，个体达到1kg以上需2～4年。捕捞一般与鱼类同步捕捞，清塘后再投放规格相同的个体。

第七章

鳖的病害防治

第一节　鳖类常见病害

一、中华鳖疖疮病

【病原或病因】

嗜水气单胞菌。

【临床症状】

发病初期，病鳖行动较为正常，其背腹部、裙边和四肢基部长有一个或数个黄豆大小的白色疖疮，随着病情的加重，白色疖疮逐渐扩大并向组织发展，导致溃疡恶化，并蔓延背腹甲导致穿孔。病灶处会堆积大量的白色变性组织，形成白色豆渣样疮痂，有腥臭气味，挤出这些物质后，可见一边缘整齐的圆洞，并有血渗出（图7-1、图7-2）。

图7-1　中华鳖疖疮病背甲

图7-2 中华鳖疖疮病

【病理学特征】

病鳖皮下、口腔、气管有黄色黏液，腹部有积水。肝脏肿大，表面有血丝，呈暗黑或深褐色，质脆且易碎。肺部肿大有充血。胆囊肿大，脾脏有淤血，肾脏肿大出血或充血，外侧区和内侧区都有大量炎症细胞渗入。胃肠道空，略充血，内有淡绿色黏液，肠的弹性较差（图7-3、图7-4）。

图7-3 中华鳖疖疮病病鳖肠道

图7-4　中华鳖疖疮病病鳖内脏

【流行病学】

从幼鳖到成年鳖均可感染，发病高峰期在5～7月，流行温度为20～30℃。

二、中华鳖红底板病

【病原或病因】

嗜水气单胞菌。

【临床症状】

发病鳖四肢无力，行动迟缓，不摄食，经常趴在池塘的斜坡上，易被捕捉。病鳖腹甲局部或整片充血、出血。背甲没有光泽（图7-5）。口鼻发炎并充血。肝脏呈黑紫色，严重时会有淤血。肾脏严重变形，血管扩张。胆囊肿大。心脏肿大，颜色变淡。胃肠道内发炎并伴有出血，肠内无食。肺部充血，呈暗红色或紫黑色。

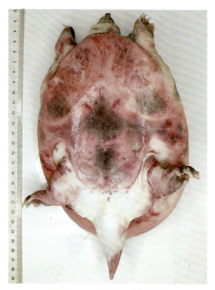

图7-5　中华鳖红底板病腹甲

【病理学特征】

皮肤的组织中存在坏死的表皮细胞，鳃状组织肿大，部分溃烂坏死。肝脏呈现充血状态，肝细胞出现一定程度的变性和坏死。肾脏的肾小管上皮细胞变性坏死，胆囊肿大，肠道空、无食物。

【流行病学】

从幼鳖到成年鳖均可感染，发病高峰期在5～8月，流行温度为20～33℃。

三、中华鳖腐皮病

【病原或病因】

嗜水气单胞菌。

【临床症状】

病鳖的四肢、颈部、尾部及甲壳边缘等处的皮肤发生溃烂，皮肤组织发白、变黄肿胀，随后病灶处会形成溃烂，逐渐扩大，部分组织坏死并有血水渗出。肢爪脱落，肝脏颜色发黑、肿大且易碎。肾脏肿大，脾脏黑褐色，肠道肿大充血，发炎，肠腔内无食物，胆囊肿大（图7-6、图7-7）。

图7-6　患腐皮病的中华鳖头部

图7-7　患腐皮病的中华鳖背甲

【病理学特征】

病鳖的肝脏组织内部局部存在大量的炎症细胞，肝脏细胞严重变性，排列无序，组织结构发生变化。肾脏部分肾小球出现炎症，血管球毛细血管内皮细胞肿胀变性、坏死。肺部组织中的细胞发生破裂、充血、脱落，并且肺部出现气泡现象。病鳖的肠壁变薄，小肠的绒毛缩短，部分脱落，肠内无食。病鳖的胃内黏膜层有少量的淤血，胃黏膜层的上皮细胞部分坏死脱落。

【流行病学】

腐皮病在中华鳖生长过程中均可发生，是一种传染病，流行于4～6月，在20℃以上均可流行，且温度越高流行越严重。

四、出血性败血病

【病原或病因】

嗜水气单胞菌、迟缓爱德华氏菌等。

【临床症状】

病鳖精神差，行动缓慢，反应迟钝，极易捕捉。颈部出现水肿，口腔和鼻出血，皮肤表面出现不同程度的红晕，背甲和腹部有出血点和溃烂（图7-8）。解剖后发现腹腔内有积水，肠道有出血，腹腔充满极淡的红色血水，肝脏和肾脏肿大出血并发生病变，心肌呈淡白色，肠管内有凝结的血块。

图7-8 中华鳖出血性败血病腹甲

【病理学特征】

肝脏肿大变硬，且呈土黄色。胆囊肿大，肾脏和脾脏呈黑色，并且体积变小。肠后端坏死，内壁脱落并伴有出血，肠管内存在凝固的血块，胃肠黏膜发生局部性坏死、出血，肠绒毛缩短且数量减少（图7-9）。

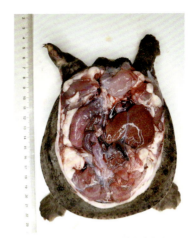

图7-9　中华鳖出血性败血病内脏

【流行病学】

此病对各个年龄段的鳖都有危害，流行的季节为4～10月，5～7月为高发病期，流行的水温为25～30℃。

五、中华鳖红脖子病

【病原或病因】

嗜水气单胞菌。

【临床症状】

发病初期，病鳖咽喉部充血红肿，同时出现厌食症状，厌食中后期，病鳖脖子变粗，充血，并且无法将脖子缩回壳内（图7-10）。发病的鳖呼吸困难，不愿意下水，经常在岸边引颈进行呼吸。鳖的腹甲出现出血现象，颈部明显变粗肿大，口腔和鼻子也有出血（图7-11）。

图7-10　中华鳖红脖子病

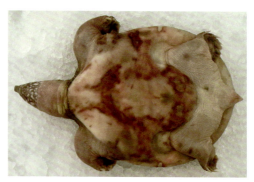

图7-11 中华鳖红脖子病腹甲

【病理学特征】

病鳖身体出现水肿，口腔、食管、胃、肠的黏膜呈明显的点状、斑块状、弥散性出血，肝脏肿大，且呈土黄色或灰黄色，有针尖大小的坏死灶，脾脏也出现肿大。

【流行病学】

该病主要危害亲鳖及成鳖，死亡率可达20％～30％。长江流域的流行季节为3～6月，华北地区为7～8月，有时可持续至10月中旬，流行温度为18℃以上。

六、中华鳖出血性肠炎

【病原或病因】

嗜水气单胞菌。

【临床症状】

病鳖的外观正常，没有出现斑点或溃疡。病鳖会表现出精神不定，反应迟钝，常浮于水面，不愿沉入水下，但底板正常。解剖发现胃肠内无食，肠道内呈暗红色，严重萎缩，并呈半透明状态。脾脏呈黑紫色并且肿大。肾脏暗淡无光泽。

【病理学特征】

肝脏肿大，且呈灰白色，包膜紧张，肝脏边缘圆钝，结构模糊，肝细胞肿大。脾脏糜烂肿胀呈黑色，血管肿胀并充满血细胞，其中分布着黑色颗粒。肾脏暗淡无光泽，动脉和静脉肿大充血。胃肠道萎缩，呈半透明状，出血并有凝血块，管壁变薄，极易撕裂，同时还有红色脓状黏液（图7-12～图7-14）。

图7-12　患出血性肠炎的中华鳖内脏

图7-13　患出血性肠炎中华鳖的不同组织

图7-14　患出血性肠炎中华鳖的肠道

【流行病学】

此病流行于5～8月，6月为高峰期，幼鳖和成鳖都可感染。

七、中华鳖白底板病

【病原或病因】

嗜水气单胞菌、迟缓爱德华氏菌、温和气单胞菌等。

【临床症状】

病鳖四肢无力，反应迟钝，易捕捉，进食量显著下降。快死的鳖浮于水面，不沉于水。病鳖体表完好无损，腹部为苍白色，呈现极度贫血症状（图7-15）。解剖观察腹部只有少量血液或没有血液流出，内脏均出现失血情况，肠充血或苍白，内有血或淤血块。

图7-15　患白底板病的中华鳖腹甲

【病理学特征】

肝脏土灰色，肿大，肝细胞肿胀并且出现弥漫性颗粒及水泡变形，部分肝细胞坏死（图7-16）。胃肠黏膜呈局部性坏死，内部没有食物，肠壁充血，呈深红色，肠壁有一处或多处溃疡，胃内有无色黏液（图7-17）。脾脏有淤血、出血。肾小管上皮细胞出现颗粒变化及水泡变性，少数上皮细胞坏死。肺组织出血，呈黑色，肺泡壁毛细血管贫血，间质中有含铁血黄素沉着。

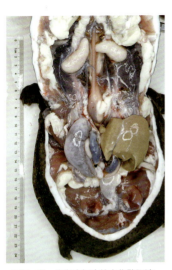

图7-16　患白底板病的中华鳖肝脏

图7-17　患白底板病的中华鳖肠道

【流行病学】

该病可以感染各个年龄阶段的中华鳖；流行时间较长，5～10月均有发生，主要流行季节为5～7月，6月份是发病高峰期，10月后发病会明显减少。

八、中华鳖腮腺炎

【病原或病因】

病毒或细菌。

【临床症状】

病鳖行动迟缓，食欲减退，常浮出水面或栖息食台；颈部肿大，但不发红，四肢有积水红斑，腹面两侧出现红肿，眼睛白浊，甚至失明；严重时出现口鼻出血并常伴有腐皮、穿孔等症状。解剖可看到咽喉的鳃状组织充血糜烂；口、舌、食道发炎充血（图7-18）；腹腔有腹水，肝脏充血肿大成"花肝"。

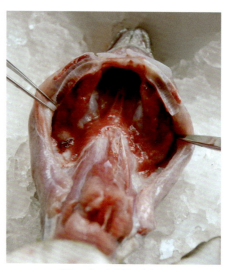

图7-18　中华鳖腮腺炎病

【病理学特征】

患病鳖的肝内小血管扩张，肝血窦和小血管内淤积有不少的血液，呈红色的深染状态。发病初期，肝细胞肿胀，胞浆内出现许多细小的淡红色颗粒，呈颗粒样变性；在病鳖的肾组织切片中肾小球萎缩、解体，肾小囊腔扩大，肾小囊腔内有时可见嗜红性浆液渗出物；肾小管壁细胞呈滴状或玻璃样变，界限不清，部分有破裂、崩解脱落，在管内呈稀疏纤维状，鳖肺组织中可见囊状肺泡，肺泡壁细胞呈立方状或多角状，在肺泡纵隔中有丰富的毛细血管分布，在肺泡开口处壁上，平滑肌往往增厚呈圆形。

【流行病学】

该病主要发生在幼鳖、成鳖生长期，流行季节为6～9月份。水温在25～30℃发病最为严重。发病率一般在20%～60%，发病后10～15天开始死亡，若治疗不及时，死亡率可高达60%以上。

图说高效养鳖技术（全彩升级版）

九、亚硝酸盐中毒

【病原或病因】

水体亚硝酸盐含量过高。

【临床症状】

病程急，死亡快。急性中毒一般在餐后1小时左右出现明显症状，严重者急性死亡。病鳖行动迟缓，食欲减退，常浮出水面或趴在网袋上。全身各组织充血，血液呈暗红色，黏膜发绀，皮肤溃烂，裙边脱落（图7-19）。

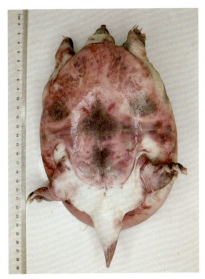

图7-19 亚硝酸盐中毒中华鳖腹甲

【防治方法】

做好水质监测、水质调节工作，防止水体亚硝酸盐含量过高。出现鳖中毒的池塘立即停料，更换新水，调节水质。待鳖中毒症状得到缓解后，缓慢恢复喂料，饲料中添加维生素C解毒抗应激。

一、鳖病发生的原因

人工养殖的鳖在环境条件、养殖密度、饲料投喂等方面与生活在天然环境中的鳖有显著差别，加之养殖过程中人为操作不当，养殖鳖较天然条件下更容易患病。养殖鳖患病后，轻者影响其生长繁殖，重者则引起死亡，造成直接或间接的经济损失。

鳖的疾病种类很多，按病原种类来分，主要有病毒性疾病、细菌性疾病、真菌性疾病和寄生虫病四大类。了解鳖病发生的原因是制定预防措施、作出正确诊断和提出有效治疗方法的根据。一般来说，导致鳖病发生的主要因素有内在因素和外在因素两大类，在外在因素中，又包括养殖环境、病原以及人为操作三个主要因素。

二、导致鳖病的内在因素

内在因素主要指养殖鳖类本身的健康水平和对疾病的抵抗力。内在因素包括遗传特征、免疫力、生理状态、营养水平以及年龄等方面。

（一）遗传特征

（1）遗传特性　养殖品种或者群体对某种疾病或病原有先天性的可遗传的敏感性，导致鳖极易发生此种疾病。

（2）品种杂交　杂交可导致某些基因在新品种中纯合度提高，致病基因从隐性转变为显性，导致新品种抗病力下降，使鳖容易感染疾病。

（3）亲本资源退化　由于人工繁殖长期不更新亲本或近亲繁

殖，导致鳖种亲本资源退化，抗病力下降，使鳖容易感染疾病。

（二）免疫力

（1）体质原因　个体或者群体的体质差，免疫力低下，对各种病原体的抵御能力下降，极易感染各种病原而发病。

（2）机能缺失　个体或者群体的某些器官机能缺失，免疫应答反应水平低下，对各种病原体的抵御能力下降，极易感染各种病原而发病。

（三）生理状态

（1）特殊生长状态　某些个体或者群体处于某些特殊的生长状态（如产后阶段），防御能力低下，易遭受病原侵袭。

（2）生理状态差　某些个体或者群体由于生理状态不好，应激反应强烈，易发生疾病。

（四）营养条件

（1）营养不足　由于饵料不足，鳖营养不够，代谢失调，体质弱，易导致疾病发生。

（2）营养失衡　由于营养不均衡，直接导致各种营养性疾病的发生。

三、导致鳖病的外在因素

（一）环境因素

养殖水域的温度、酸碱度、氨氮含量、光照等理化因素的变动，超过了鳖类所能忍受的临界限度就会导致鳖病的发生。当养殖环境恶化时，直接影响鳖的代谢功能与免疫功能，导致鳖处于亚健康状态，抵抗力下降，病原体此时极易侵入鳖而导致疾病的发生。

（二）病原生物因素

鳖的病原生物主要包括病毒、细菌、真菌、寄生虫以及敌害生物等（图7-20）。绝大多数鳖的疾病是由病毒、细菌、真菌和原生动物感染所引起的。

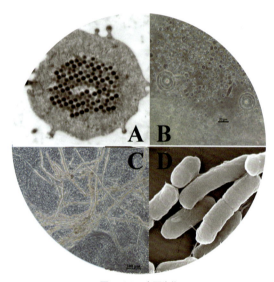

图7-20　病原生物
A—病毒；B—寄生虫；C—真菌；D—细菌

（三）人为因素

1. 饲养管理

（1）饵料质量与投喂　投喂饲料的数量或饲料中所含的营养成分不能满足养殖鳖类最低营养需求时往往导致鳖类生长缓慢或停滞，鳖瘦弱，抗病力降低，严重时就会出现明显的疾病症状甚至死亡。

（2）养殖密度　放养密度过大，超过水体养殖容量，水质变化剧烈，可导致鳖营养不良，生长差，体质减弱，容易发生各种疾病。

2. 水质管理

水质差不仅影响养殖鳖类的正常摄食生长，同时也会导致养殖鳖类病害的发生。

3. 生产操作

在施药、换水、分池、捕捞、运输和饲养管理等操作过程中，由于工具不适宜或操作不小心，使养殖鳖类身体与网具、工具之间摩擦或碰撞，都可能给鳖带来不同程度的损伤（图7-21）。受伤处组织破损，机能丧失，或体液流失，渗透压紊乱，引起各种生理障碍以至死亡。除了这些直接危害以外，由于鳖受伤而体质较弱，抗病力降低，伤口易受到病原微生物的入侵，造成继发性细菌病。

图7-21　人为操作不当

四、内在因素和外在因素的关系

　　导致鳖病发生的原因可以是单一病因的作用结果，也可以是几种病因混合作用的结果，并且这些病因往往有互相促进的作用。导致鳖类疾病的病原种类很多，且无处不在，不同种类的病原对鳖的毒力或致病力各不相同，同一种病原在鳖不同生活时期对鳖的致病力也不尽相同。鳖的遗传特征、免疫力、生理状态、年龄、营养条件、生活环境等都能影响鳖对病原的敏感性。水体中的生物种类、养殖密度、饵料、光照、水温、酸碱度及其他水质指标都与病原的生长、繁殖和传播等有密切的关系，也会影响鳖的生理状况和抗病力。总之，鳖疾病的发生是鳖（内在因素）、病原、环境和人为操作（外在因素）相互作用、相互影响而产生的结果（图7-22）。

图7-22　鳖疾病发生因素

图说高效养鳖技术（全彩升级版）

第三节　鳖病诊断方法

一、初步诊断

肉眼检查又称目检，是诊断鳖病的主要方法之一。用肉眼找出鳖患病部位的各种特征或一些肉眼可见的病原生物，从而诊断鳖病。对鳖进行目检的部位和顺序是体表、鳃状组织和内脏。

（1）体表　将濒死患病鳖置于洁净解剖盘中，对鳖的头、眼睛、背甲、腹甲、肛门等仔细检查，可以发现大型病原体以及细菌感染引起的腹水、疔疮以及充血、出血等症状（图7-23～图7-26）。

图7-23　患病中华鳖背甲

第七章　鳖的病害防治

169

图7-24 健康中华鳖背甲

图7-25 患病中华鳖腹甲

图7-26　健康中华鳖腹甲

（2）腮腺　观察鳃状组织的颜色和结构是否正常（图
7-27、图7-28）。

图7-27　患病中华鳖鳃状组织

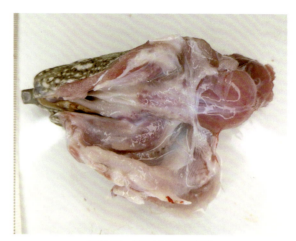

图7-28　健康中华鳖鳃状组织

（3）内脏　内脏检查包括肝、脾、肾、肠等内脏组织，健康的内脏组织见图7-29～图7-32。

图7-29　中华鳖肝脏

图说高效养鳖技术（全彩升级版）

图7-30　中华鳖肠道

图7-31　中华鳖肾脏

图7-32　中华鳖脾脏

二、镜检

镜检是根据目检时所确定下来的病变部位，作进一步检查。常见的鳖病只需镜检体表即可。用解剖刀在患病鳖体表病灶部位刮取组织或黏液置于载玻片上，滴加蒸馏水1～2滴后盖上盖玻片压片，置于显微镜下观察（图7-33）。

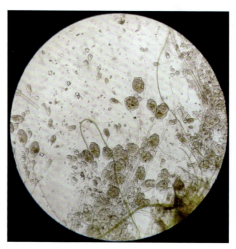

图7-33 显微镜下观察的纤毛虫

三、实验室诊断

（一）组织病理学诊断技术

组织病理学诊断技术主要是指利用光学显微镜进行患病鳖的组织病理学观察（图7-34）。通过组织病理学诊断，一般可以发现患病鳖发生的组织病理学变化，如细胞肿大、细胞核裂解、细胞或组织坏死等，从而进行鳖病诊断。在对病毒性鳖病进行组织病理学诊断时，通常可以观察到感染细胞内病毒包涵体的存在，是诊断病毒性鳖病的重要指标之一。

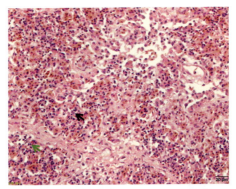

图7-34　患病中华鳖脾脏组织（绿色箭头：炎性细胞；黑色箭头：坏死细胞）

（二）电子显微镜诊断技术

电子显微镜与光学显微镜相比具有更大的放大倍数，可以直接观察到病原体的精细结构或细胞超微结构变化，是进行鳖疾病尤其是鳖病毒性疾病实验室诊断的重要方法（图7-35，图7-36）。许多鳖疾病的准确诊断以及鳖新疾病的发现，都离不开电子显微镜诊断技术。

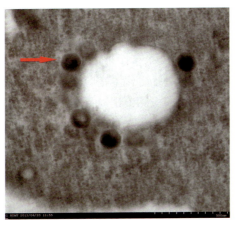

图7-35　中华鳖虹彩病毒（红色箭头）

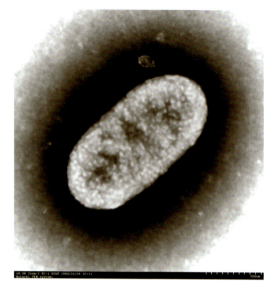

图7-36 嗜水气单胞菌

（三）病原菌分离培养与鉴定

对于细菌性病原感染引起的鳖病，在实验室内开展病原菌分离、培养与生化鉴定和分子鉴定，可以确认疾病的种类与病原（图7-37）。其一般程序为：对出现典型症状的濒死患病鳖进行体表消毒后于无菌条件下取血液样品、腹水样品或肝脏组织，进行细菌培养平板涂布接种，恒温培养至生长出优势菌落，然后对单个菌落进行生化鉴定、分子鉴定以及人工感染试验，通过鉴定结果与人工感染试验复制出的患病鳖症状，可以准确诊断鳖病或发现新疾病。

（四）细胞培养

通过细胞培养技术分离致病病毒是准确诊断鳖病毒性疾病的经典方法之一（图7-38、图7-39）。对于疑似病毒感染引起的鳖病，采集出现典型症状的患病濒死鳖内脏组织，进行充分匀浆与冻融后，离心取上清液，超微滤膜过滤，接种宿主动物细胞系，恒温培养观察细胞病变效应，可准确地确定疾病病原。在进行鳖病毒病诊断的过程中，使用细胞培养的病毒进行人工感染试验，观察是否能在健康鳖上复制与自然发病相同的症状，是准确诊断鳖病毒病的重要步骤。

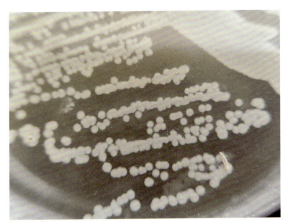

图7-37　固体培养基上生长的蜡样芽孢杆菌

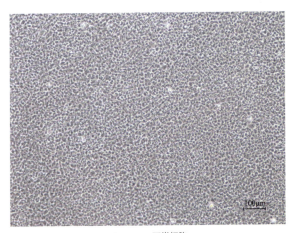

图7-38　正常细胞

图7-39　接种病毒后的细胞

（五）分子生物学诊断技术

最常用的分子生物学诊断技术是聚合酶链式反应（Polyme-rase chain reaction，PCR），简称PCR技术（图7-40）。PCR技术的特异性取决于引物和模板DNA结合的特异性，根据已知病毒的特定基因序列，设计引物进行扩增测序，最终确定病原（图7-41）。

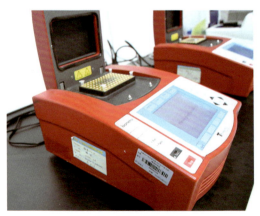

图7-40　核酸扩增用PCR仪

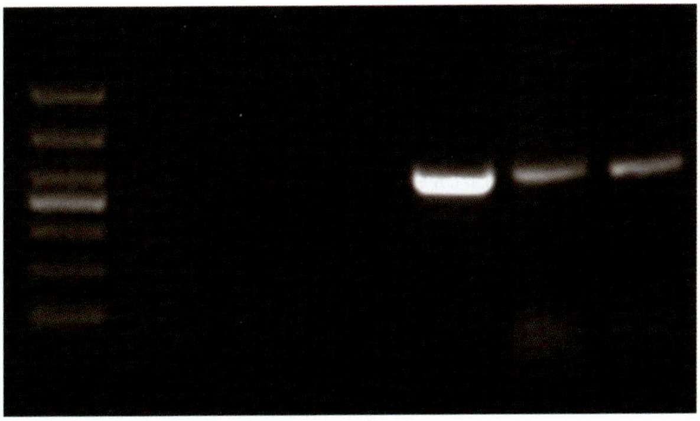

图7-41 扩增产物电泳结果

第四节 鳖病防控措施

鳖病的防控应遵从预防为主的原则。原因主要是鳖生活在水中，活动情况不易察觉，一旦发病，通常都较为严重，给治疗带来困难。鳖病治疗采用的是群体治疗的办法，内服药依靠养殖鳖主动摄入，病情严重时一般食欲会下降，即使有特效的药物，也起不到治疗的作用。尚能摄食的带病鳖由于摄食能力差，往往吃不到足够的药量而影响疗效。所以鳖病的防控更凸显出预防重于治疗的重要性，只有贯彻“全面预防、积极治疗”的方针，采取“无病先防、有病早治”的防治方法，才能做到减少或避免疾病的发生。

在防控措施上，首先要重视改善生态环境和加强饲养管理，努力提高鳖的抗病力，积极预防疾病发生，然后要重视鳖病的准确诊断、科学合理用药，及时进行疾病治疗。鳖病的防控，只有采取综合预防和治疗措施，才能收到较好的效果。提倡在鳖病预防与控制过程中使用疫苗、免疫增强剂、微生态制剂、生物渔药、天然植物药物等进行鳖病预防。使用疫苗免疫是当今最为有效的鳖病预防技术，不仅防病效果好、持续时间长，而且可减少鳖病对环境、水产品质量安全以及人类健康的影响。免疫增强剂通过作用于非特异性免疫因子来提高养殖鳖的抗病能力，可减少使用抗生素等化学药物带来的负面影响。使用微生态制剂是调控水质和改善生态环境的有效方法，可显著提高鳖抵抗力。生物渔药是通过某些生物的生理特点或生态习性，吞噬病原或抑制病原生长，可有效杀灭致病菌或抑制致病菌的生长。天然植物药物具有来源广泛、毒副作用小、无抗性、不易形成渔药残留等特点，在鳖病防治中应用广泛（图7-42）。

图7-42 防治措施

第 八 章

鳖 的 营 养 价 值 与 产 品 加 工

鳖是特种水产养殖经济动物，其肉质鲜嫩，胶原蛋白含量高，富含多糖、多种微量元素与维生素，具有提高免疫力、改善新陈代谢和抗疲劳等多项功效。鳖具有较高的营养价值，其全身各部位都有不同的营养保健功能，是滋补佳品。

第一节　鳖的营养价值

随着人们生活水平的提高，消费者对水产品的需求已不再满足于数量的供给，而更注重其营养价值和品质。随着养殖技术不断成熟完善，鳖产品也逐渐走上大众的餐桌。

一、蛋白质和氨基酸

蛋白质含量的高低是评判动物产品品质的重要参数之一，食物中蛋白质的氨基酸构成与人体中蛋白质的氨基酸构成模式越接近，越容易被人体吸收利用，其营养价值也就越高。鳖的蛋白质含量因部位不同而呈现一定差异（表8-1）。中华鳖肌肉中的必需氨基酸占氨基酸总量（EAA/TAA）的比值范围以及必需氨基酸与非必需氨基酸（EAA/NEAA）的比值范围，均与FAO/WHO提出的标准一致。因此，鳖肌肉的蛋白质属于高营养价值蛋白质。

表8-1　中华鳖不同部位营养成分含量

项目	裙边 /%	肌肉 /%
蛋白质	29	18
EAA/TAA	18.37	41.18 ～ 42.05
EAA/NEAA	25.44	84.16 ～ 87.45
脂肪	1.08	1.23
EPA	6.44	6.19
DHA	7.41	9.99

氨基酸是蛋白质的基本组成单位，因此氨基酸含量的高低是评估水产品营养价值的重要指标之一。赖氨酸（Lys）作为人体必需氨基酸，是人体蛋白质合成的重要原料。赖氨酸具有促进人体发育、预防心脑血管疾病和增强免疫功能的作用，而鳖肌肉中富含赖氨酸。

动物蛋白质的鲜美程度与肌肉中呈味氨基酸的含量密切相关，呈味氨基酸包括谷氨酸（Glu）、天门冬氨酸（Asp）、丙氨酸（Ala）和甘氨酸（Gly）。谷氨酸不仅是鲜味最为强烈的氨基酸，还是生物体内氮代谢的基本氨基酸之一，它参与了脑内蛋白质和糖的代谢、氧化以及多种生理活性物质的合成过程。鳖肉中的氨基酸种类齐全且比例适宜，其中谷氨酸的含量最高。这不仅使得鳖在烹制过程中呈现出鲜美的味道，还可以作为补充氨基酸和制备生物活性肽的优质蛋白质原料。

二、脂类和脂肪酸

脂类是构成细胞膜的重要物质之一，在细胞识别和组织免疫方面起着非常重要的作用。另外，脂类物质还参与了激素和维生素的代谢过程。在鳖体内，脂肪分布较为集中，不同部位脂肪含量差异较大，鳖肌肉脂肪含量仅为1.23%，而四肢脂肪块中的脂肪含量高达86.72%。鳖体内富含油酸、α-亚麻酸、花生四烯酸、亚油酸、二十碳五烯酸（EPA）和二十二碳六烯酸（DHA）等多种人体所必需的多不饱和脂肪酸。这些脂肪酸能起到抑制血小板凝结、防止血栓形成和动脉硬化、降低机体内胆固醇的作用。EPA和DHA是鳖脂肪中最为突出的不饱和脂肪酸，含量均高于草鱼、鲤等鱼类和陆生动物。

三、胶原蛋白

胶原蛋白是动物体内含量最丰富的蛋白质之一，它不仅是皮肤、骨骼、肌腱、软骨、血管和牙齿的主要成分，也是细胞骨架的重要组成部分。裙边作为鳖甲背部的皮肤组织，柔软且富有弹性，主要由胶原蛋白组成，可以有效保护鳖的内脏免受伤害。裙边味道鲜美，口感滑嫩，被认为是中华鳖周身最鲜、最嫩、最好吃的部分。除裙边外，鳖皮和鳖甲中也含有丰富的胶原蛋白，常被作为胶原蛋白的优质来源。

四、维生素

鳖肌肉中富含多种人体所需的营养物质和活性成分，维生素B_1、维生素B_2、维生素C和维生素E的含量分别为2.7mg/kg、1.2mg/kg、6.6mg/kg和4.1mg/kg。裙边富含的维生素B_{17}，又称苦杏仁甙，是人体非必需的维生素，除了具有润滑肠道、平喘止咳等功效外，它还具有抗肿瘤作用。虽然目前关于维生素B_{17}的副作用尚有争议，但俄罗斯和部分欧洲国家还是将其归类为抗肿瘤药物，并被世界卫生组织（WHO）认证为抗癌物质。

五、矿物质元素

矿物质元素是维持人体正常新陈代谢和构成机体组织所必

需的物质，也是人体的重要营养素。但矿物质在机体中无法自己合成，必须从外界摄入，所以人们在日常饮食中摄入矿物质就变得尤为重要。鳖肌肉中铁含量高达36.7mg/100g，传统药方经常使用中华鳖医治体质虚弱、子宫出血、贫血等问题，并以鳖作为促进病人康复的补品，这与其体内丰富的铁含量密不可分。锌作为一种重要的矿物元素，是人体碳酸酐酶及其他含锌酶的重要辅基，其缺乏可能导致生长迟缓和特发性低味觉。硒是一种对人体非常重要的微量元素，硒缺乏可引起营养性肌纤维萎缩、胰纤维变形、肝机能障碍、生殖异常、生长迟缓及免疫功能失调等问题。鳖肌肉富含锌、硒、铁等矿物质元素，可为消费者提供丰富的矿物质元素。

六、多糖

除鳖肉外，中华鳖的背甲、脂肪、皮、裙边和卵等其他组织部位中也含有丰富的活性成分。中华鳖中的单糖为半乳糖和葡萄糖醛酸，其中半乳糖的含量最高；鳖甲中的多糖包括氨基半乳糖、氨基葡萄糖、甘露糖等（图8-1）。

图8-1 鳖背甲

　　水产加工作为水产养殖业的延伸，起着连接水产品原料生产与市场消费的桥梁作用。水产品加工延长了产业链，拓宽了市场，更好地实现养殖户的增产、增效与增收，具有较高经济效益和社会效益。

　　鳖味道鲜美、高蛋白、低脂肪，是一种富含多种维生素和微量元素的滋补水产佳品。随着人们消费水平的提高和对水产品品质要求的提升，鳖在蒸煮、清炖、烧卤、煎炸等多种烹饪方式下，都能展现出风味香浓的特色，逐渐走进寻常百姓的餐桌，受到广大消费者们的青睐。目前我国中华鳖的内销和出口大多以鲜活产品为主，消费结构单一。仅仅将其作为名菜烹饪食用，严重制约了中华鳖产业的发展，并未能充分利用其全身肌肉、裙边、卵、油、壳、骨等部位所含的丰富营养和药用价值。因此，鳖品质提升、深加工产品的开发、产品附加值提升成为未来中华鳖产业发展的重要方向。近年来，鳖加工产品陆续面市，主要有粉、液、酒、胶囊等营养保健品类，以及冷冻和真空包装的即食产品等多种形式。这些产品既充分保留了鳖的营养价值，又便于消费者食用，而且提取浓缩了其生物活性物质，成为深受百姓喜爱的保健产品，为鳖产业的可持续发展提供了保障。

一、鳖（甲鱼）方便食品

　　以鳖为主要原料，再搭配其他辅料配制成的各种传统甲鱼菜肴，如红烧甲鱼、清炖甲鱼、冬瓜鳖裙羹等，已成为宴席上的高档菜肴。但是传统甲鱼菜肴的烹饪方法相对复杂且耗时，不适合消费者在工作中或外出旅行中携带食用。与此相比，甲鱼方便食品保藏期较长，适合作为休闲食品，在市场上有着很大的潜力。随着科学技术革新化和食品加工工业化，人们的生活节奏不断加快，投入在烹饪上的时间越来越少。同时，随着生活水平的提高和消费观念的改变，绿色、方便、营养的方便食品深受年轻一代消费群体的喜爱。因此，基于鳖的方便食品具有广阔的市场前景。

甲鱼方便食品采用整只甲鱼经熟制后真空包装的形式，其鲜香风味可与活甲鱼宰杀后立即烹调的菜肴媲美，满足了人们补充营养和一饱口福的双重消费需求。甲鱼方便食品具有食用方便、便于携带和保质期长等特点，不受季节和地区的限制，深受消费者欢迎。选取鲜活鳖，经清洗剖杀、去腥、去皮膜，按照清蒸、红炖、卤制等传统方式进行烹调，随后，经流水线的装袋、封口、杀菌、冷却、保温检验，最后得到成品（图8-2）。

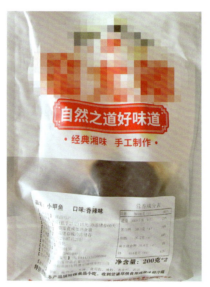

图8-2　甲鱼方便食品

二、鳖冻藏产品

在诸多水产品中，鳖的营养价值位列前茅，但鳖体内组氨酸含量较高，导致其具有较浓烈的腥味，因此，在加工利用的过程中，如果不能有效去除腥味，很难使消费者接受其风味和口感。鳖死后，其自溶速度较快，细菌很快便会引起腐败变质。同时，鳖体内的组氨酸在其死后会转化成组胺，当人食用后组胺含量达到一定浓度时会导致中毒，因此，鳖在屠宰之后就要及时做好处理。鳖的宰杀和制作过程复杂，影响了年轻消费群体的购买欲望。开发冻藏产品可以解决消费者想吃鳖，但又不会宰杀的难题。

冻藏保鲜的贮藏温度较低，可将水产品的中心温度在短时间内降至-15℃以下，迅速冻结产品组织细胞中的绝大部分水分，然后将水产品在-18℃以下的温度下进行贮藏（图8-3）。该保鲜技术的优势在于极低的保鲜温度能有效抑制微生物和酶的活性，同时冻结过程中大部分水分凝固，肌肉中能被微生物利用的活动水分含量低，从而可延长产品的货架期达数月之久。采用鳖活体为原料，宰杀后，经去膜、开背、除内脏和油脂、清洗，采用复合盐溶液脱脂、去腥处理，漂洗沥干后用食品抗冻剂、保水剂及抗氧化剂进行鳖肉质处理，并进行真空包装速冻，最后在-18℃以下进行冷冻保藏。通过低温速冻保鲜和灭菌真空包装等深加工技术，开发出方便储运和销

图8-3 鳖冻藏产品

售的甲鱼冻藏产品，这不仅解决了鳖不易宰杀处理的问题，同时也有利于产品的运输和出口，进一步推动了产业的发展。

三、鳖胶原蛋白加工品

鳖甲和裙边富含胶原蛋白，胶原蛋白及其水解后的多肽具有很好的消化吸收特性、低免疫原性、生物可降解性、凝血性和抗氧化性，在食品、化妆品等诸多领域有着广泛的应用。胶原蛋白主要来源于牛、猪、水产品的皮肤、骨头等结缔组织，而牛、猪等陆生哺乳动物存在人畜共患病的风险，而且由于宗教信仰的原因，某些地区对牲畜来源的胶原蛋白制品持较为排斥的态度。因此，以水产品为原料制备胶原蛋白因其高度安全性而得到国际社会的广泛认可。

鳖是胶原蛋白的优质来源之一。当蛋白质被人体摄入后，主要以小肽的形式在消化道中被吸收。与完全游离的氨基酸相比，小肽更易被人体吸收和利用。胶原蛋白具有稳定的三重螺旋结构，在进入人体小肠后的吸收率很低，然而，一旦降解为胶原蛋白肽，其吸收率可达90%。胶原蛋白肽通常具有独特的甘氨酸-脯氨酸-羟脯氨酸重复序列结构，这种结构赋予其抗氧化、延缓衰老、调节脂肪代谢、改善菌群的功能等特性（图8-4）。鳖加工得到的胶原蛋白被广泛应用于生物材料、化妆品和保健品等领域（图8-5）。

图8-4　甲鱼胶原蛋白肽

图8-5 鳖胶原蛋白加工品

四、鳖蛋加工品

鳖蛋是母鳖所产下的卵，又名"甲鱼蛋"。鳖蛋的蛋白（蛋清）属于不凝固蛋白，煮熟后不会凝固，呈乳状，而蛋黄会凝固，且比其他禽蛋的蛋黄都大。鳖蛋是一种低脂低胆固醇、口感嫩滑鲜美、营养价值较高的蛋类。鳖蛋的蛋白质含量是鸡蛋的1.84倍，钙的含量是鸡蛋的4.2倍，核黄素是鸡蛋的2倍，而胆固醇只有鸡蛋的1/9，是保健佳品，具有较高的价值（图8-6）。

图8-6 鳖蛋加工品

受产蛋的季节限制，每年只有夏天才能吃到新鲜的鳖蛋。因此，将鳖蛋加工成五香、蒜蓉、麻辣等口味，不仅能满足不同消费者的需求，还能打破季节的限制，提升产品的附加值。

五、酱板甲鱼

酱板甲鱼的制作主要以甲鱼和酱料为主要材料，经宰杀、擦盐、复腌、多种中药和香料浸泡，通过风干、反复熏烘烤制而成（图8-7）。利用甲鱼制成的酱板甲鱼成品色泽深红，皮肉酥香，酱香浓郁，滋味悠长，具有活血、顺气、健脾、养胃和美容之功效。产品的口味综合了香、辣、甘、麻、咸、酥、绵的特点，口感醇香可口，色香俱全，低脂不腻，回味无穷，并且非常方便食用。整只甲鱼经过熟制后包装，开袋即食。

图8-7 酱板甲鱼

六、甲鱼肽粉

甲鱼肽粉是以甲鱼为原料，经过清洗、去内脏、酶法降解、浓缩、干燥等工艺生产的粉末状产品，其中主要成分是相对分子质量低于1000道尔顿（Da）的肽（图8-8）。甲鱼的蛋白质含量高，甲鱼蛋白中的氨基酸含量也较高且种类齐全，其中人体所需的8种必需氨基酸占其氨基酸总量的60%以上，甲鱼肽粉是通过甲鱼蛋白酶解获得的产物。目前研究已证实甲鱼肽具有抗肿瘤、抗氧化、降血压、改善痛风性关节炎、增强免疫等功能。

图8-8　甲鱼肽粉

附 录

附表1　中华鳖国家级原、良种场（截至2023年）

序号	名称	地址
1	湖南省水产原种场	湖南省长沙市开福区双河路748号
2	浙江绍兴中华鳖集团有限公司	浙江绍兴东浦镇
3	宁波市明凤渔业有限公司	浙江省余姚市黄家埠镇横塘村
4	浙江省杭州金达龚老汉特种水产有限公司	浙江省杭州市东江围垦11工段靖江垦区龚老汉农业休闲园
5	广东绿卡现代农业集团有限公司	广东省东莞市虎门镇莞太路（白沙段）250号

附表2　中华鳖新品种选育单位汇总

审定时间	品种名称	选育单位	地址
2007	日本品系中华鳖	杭州萧山天福生物科技有限公司	浙江省杭州市萧山区经济技术开发区启迪路198号B1-3-196号
		浙江省水产引种育种中心	浙江所杭州市余杭区荆长路181号
2008	清溪乌鳖	浙江清溪鳖业有限公司	浙江省湖州市德清县
		浙江省水产引种育种中心	浙江省杭州市余杭区荆长路181号
2015	中华鳖"浙新花鳖"	浙江清溪鳖业有限公司	浙江省湖州市德清县
		浙江省水产引种育种中心	浙江省杭州市余杭区荆长路181号
2018	中华鳖"永章黄金鳖"	保定市水产技术推广站	河北省保定市竞秀区阳光北大街1568号
		河北大学	河北省保定市北市区五四东路180号
		阜平县景涛甲鱼养殖场	阜平县王林口乡东庄村
2020	中华鳖"珠水1号"	中国水产科学研究院珠江水产研究所	广东省广州市荔湾区芳村西塱兴渔路1号
		广东绿卡现代农业集团有限公司	广东省东莞市虎门镇莞太路（白沙段）250号
2023	中华鳖"长淮1号"	中国水产科学研究院长江水产研究所	湖北省武汉市东湖高新技术开发区武大园一路8号
		安徽喜佳农业发展有限公司	安徽省蚌埠市淮上区曹老集镇杨湖村

[1] 钟小庆. 龟鳖养殖发展将迎来三大机遇[J]. 渔业致富指南，2018（11）：39-40.

[2] 何力. 我国中华鳖种业的基本状况[J]. 渔业致富指南，2015（20）：61-62.

[3] 王建华，吴庆华，江山. 日本鳖养殖技术[J]. 农村百事通，2018（19）：36-38.

[4] 马坤. 中华鳖养殖新秀——乌鳖[J]. 农村百事通，2014（18）：017.

[5] 全国水产技术推广总站. 2015水产新品种推广指南[M]. 北京：中国农业出版社，2015.

[6] 全国水产技术推广总站. 2018水产新品种推广指南[M]. 北京：中国农业出版社，2018.

[7] 全国水产技术推广总站. 2020水产新品种推广指南[M]. 北京：中国农业出版社，2020.

[8] 全国水产技术推广总站. 2023水产新品种推广指南[M]. 北京：中国农业出版社，2023.

[9] Zhou F, Ding X, Feng H, et al. The dietary protein requirement of a new Japanese strain of juvenile Chinese soft shell turtle, *Pelodiscus sinensis*[J]. Aquaculture, 2013, 412-413.

[10] Wang J, Qi Z, Yang Z. Effects of Dietary Protein Level on Nitrogen and Energy Budget of Juvenile Chinese Soft - shelled Turtle, *Pelodiscus sinensis*, Wiegmann[J]. Journal of the World Aquaculture

Society, 2016, 47（3）：450-458.

[11] Nuangsaeng B, Boonyaratapalin M. Protein requirement of juvenile soft-shelled turtle *Trionyx sinensis* Wiegmann[J]. Aquaculture Research, 2001, 32（1）：106-111.

[12] 包吉墅, 刘春, 高晓莉, 等. 稚鳖的营养素需要量及饲料最适能量蛋白比[J]. 水产学报, 1992（4）：365-371.

[13] 周贵谭. 稚鳖饲料适宜蛋白含量的研究[J]. 水利渔业, 2004（1）：54-55.

[14] 许国焕, 郑连春, 赵新安, 等. 不同蛋白含量的饲料对幼鳖生长影响的初探[J]. 水利渔业, 2003（1）：51-52.

[15] 何瑞国, 毛学英, 王玉莲, 等. 生长期中华鳖饲料适宜能量、蛋白质水平及必需氨基酸模式的研究[J]. 水产学报, 2000（1）：46-51.

[16] 吴凡, 陆星, 文华, 等. 饲料蛋白质和脂肪水平对中华鳖生长性能、肌肉质构指标及肝脏相关基因表达的影响[J]. 淡水渔业, 2018, 48（1）：47-54.

[17] Li H, Pan Y, Liu L, et al. Effects of high-fat diet on muscle textural properties, antioxidant status and autophagy of Chinese soft-shelled turtle（*Pelodiscus sinensis*）[J]. Aquaculture, 2019, 511：734228.

[18] 贾艳菊, 王海燕, 廖幸, 等. 淀粉预糊化对中华鳖生长和饲料利用的影响[J]. 浙江大学学报（农业与生命科学版）, 2016, 42（5）：637-642.

[19] Zhou X, Xie M, Niu C, et al. The effects of dietary vitamin C on growth, liver vitamin C and serum cortisol in stressed and unstressed juvenile soft-shelled turtles（*Pelodiscus sinensis*）[J]. Comp Biochem Physiol A Mol Integr Physiol, 2003, 135（2）：263-270.

[20] Chen L, Huang C. Estimation of dietary vitamin A requirement of juvenile soft-shelled turtle, *Pelodiscus sinensis*[J]. Aquaculture nutrition, 2015, 21（4）：457-463.

[21] Huang C H, Lin W Y. Effects of dietary vitamin E level on growth and tissue lipid peroxidation of soft-shelled turtle, *Pelodiscus*

sinensis (Wiegmann) [J]. Aquaculture Research, 2004, 35 (10): 948-954.

[22] Su Y, Huang C. Estimation of dietary vitamin K requirement of juvenile Chinese soft - shelled turtle, *Pelodiscus sinensis*[J]. Aquaculture nutrition, 2019, 25 (6): 1327-1333.

[23] Wang C C, Huang C H. Effects of dietary vitamin C on growth, lipid oxidation, and carapace strength of soft-shelled turtle, *Pelodiscus sinensis*[J]. Aquaculture, 2015, 445 : 1-4.

[24] Chen C Y, Chen S M, Huang C H. Dietary magnesium requirement of soft-shelled turtles, *Pelodiscus sinensis*, fed diets containing exogenous phytate[J]. Aquaculture, 2014, 32 : 80-84.

[25] CHU J H, Chen C, HUANG C H. Growth, haematological parameters and tissue lipid peroxidation of soft-shelled turtles, *Pelodiscus sinensis*, fed diets supplemented with different levels of ferrous sulphate[J]. Aquaculture nutrition, 2009, 15 (1): 54-59.

[26] Chu J H, Chen S M, Huang C H. Effect of dietary iron concentrations on growth, hematological parameters, and lipid peroxidation of soft-shelled turtles, *Pelodiscus sinensis*[J]. Aquaculture, 2007, 269 (1-4): 532-537.

[27] Kou H, Hu J, Wang A, et al. Impacts of dietary zinc on growth performance, haematological indicators, transaminase activity and tissue trace mineral contents of soft - shelled turtle (*Pelodiscus sinensis*) [J]. Aquaculture nutrition, 2021, 27 (6): 2182-2194.

[28] HUANG S C, Chen C, HUANG C H. Effects of dietary zinc levels on growth, serum zinc, haematological parameters and tissue trace elements of soft-shelled turtles, *Pelodiscus sinensis*[J]. Aquaculture nutrition, 2010, 16 (3): 284-289.

[29] Wu G S, Huang C H. Estimation of dietary copper requirement of

juvenile soft-shelled turtles, *Pelodiscus sinensis*[J]. Aquaculture, 2008, 280（1-4）: 206-210.

[30] 贾艳菊, 王海燕, 廖幸, 等. 淀粉预糊化对中华鳖生长和饲料利用的影响 [J]. 浙江大学学报（农业与生命科学版）, 2016, 42（5）: 637-642.

[31] 王素芬. 中华鳖淡水池塘高效生态混养试验[J]. 科学养鱼, 2022（4）: 43-45.

[32] 汤爱萍. 封闭式循环水工厂化中华鳖养殖技术初探[J]. 渔业致富指南, 2019（16）: 47-49.

[33] 谢白云, 范琦. 中华鳖养殖[J]. 农家参谋, 2017（10）: 178.

[34] 常中山. 鳖的病害预防及治疗方法[J]. 江西水产科技, 2022（3）: 38-39.